Hinter dem Sachregister befindet sich ein ausführliches Verzeichnis der

Guttentagschen Sammlung

Deutscher Reichs- und Preußischer Gesetze

— Textausgaben mit Anmerkungen; Taschenformat —,

die alle wichtigeren Gesetze in unbedingt zuverlässigem Abdruck und mit mustergültiger Erläuterung wiedergibt.

Guttentagsche Sammlung
Nr. 81. Deutscher Reichsgesetze. Nr. 81.
Textausgaben mit Anmerkungen.

Gesetz, betreffend das Urheberrecht an Werken der bildenden Künste und der Photographie.

Erläutert von

Justizrat Dr. **Ludwig Fuld,**
Rechtsanwalt in Mainz.

Zweite Auflage.

Berlin und Leipzig 1925.

Walter de Gruyter & Co.
vormals G. J. Göschen'sche Verlagshandlung — J. Guttentag, Verlagsbuchhandlung — Georg Reimer — Karl J. Trübner — Veit & Comp.

Inhaltsverzeichnis.

Erster Abschnitt.

Voraussetzungen des Schutzes.

---

§ 1.

Die Urheber von Werken der bildenden Künste und der Photographie werden nach Maßgabe dieses Gesetzes geschützt.

I. Werke der bildenden Künste.
   1. Gegenstände des Schutzes.
   2. Begriff des Werks der bildenden Künste:
      a) Die individuelle Schöpfung.
      b) Die Formgebung.
      c) Der ästhetische Zweck.
      d) Die Kunstmittel.
      e) Original und Kopie.
      f) Bedeutung der Entstellung.
      g) Kataloge und Kunstwerke.

II. Werke der Photographie.
   1. Begriff.
   2. Photographisches Erzeugnis und künstlerische Werke.
   3. Photographie und Kinematographie.

III. Urheber.
   1. Begriff des Urhebers.
   2. Das Urheberrecht der Angestellten, Arbeiter und Gehilfen.
   3. Das Urheberrecht der Schüler.

I. Werke der bildenden Künste.

1. Gegenstände des Schutzes.

Das Gesetz erläutert den Begriff der Werke der bildenden Künste ebensowenig, wie dies in dem Gesetz vom 9. Januar 1876 geschehen ist. Die unter der Herrschaft des letzteren entstandene Rechtsübung ist auch für die Auslegung des Gesetzes von 1907 maßgeblich. Die Erweiterung, welche das letztere gegenüber dem älteren Gesetz mit Bezug auf die Werke der Architektur und die kunstgewerblichen Erzeugnisse enthält, ist auf den Begriff der Werke der bildenden Künste ohne Einfluß geblieben.

Die bereits in der älteren Rechtsprechung des Reichsgerichts aufgestellte Begriffsbestimmung, wonach als Werke der bildenden Kunst nur solche Werke anzusehen sind, welche durch eine mit den Darstellungsmitteln der Kunst geschaffene und den ästhetischen Zwecken dienende Formbildung sich charakterisieren, die also mit anderen Worten für die Anregung und Befriedigung des ästhetischen Sinnes durch Anschauung bestimmt sind, ist auch für die Auslegung des geltenden Gesetzes maßgeblich und verwertbar. Die Werke der bildenden Künste beruhen auf der individuellen Geistestätigkeit, sie unterscheiden sich aber von anderen Werken, welche ebenfalls auf einer individuellen Geistestätigkeit beruhen, dadurch, daß bei ihnen die geistige Tätigkeit in der Formbildung sich verkörpert, während die geistige Tätigkeit bei literarischen und musikalischen Werken in dem Wort bezw. in dem Ton ihren Ausdruck findet. Weil die Formbildung für das Wesen des Werks der bildenden Kunst maßgeblich ist, so können ebenfalls auf Geistestätigkeit beruhende abstrakte Dinge niemals auf Kunstschutz Anspruch erheben, auch dann nicht, wenn die geistige Tätigkeit, welche für den abstrakten Gegenstand aufgewendet worden ist, im Verhältnis eine sehr erhebliche ist. Daher wird beispielsweise der abstrakte Gedanke einer neuen, ganz eigenartigen Figur niemals ein Werk der bildenden Kunst sein, er wird vielmehr ein solches erst dann werden, wenn er durch die Mittel der bildenden Künste, beispielsweise durch Zeichnen, Malen, eine sinnlich wahrnehmbare

Form erhalten hat. Ohne die sinnlich wahrnehmbare Form bleibt der schöpferische Gedanke nur ein Gedanke und fällt außerhalb des Schutzbereichs der Werke der bildenden Kunst. Werke der bildenden Kunst sind auch dann gegeben, wenn es sich um Schöpfungen mit einem kleineren ästhetischen Gehalt handelt. Der Unterschied zwischen Gegenständen, die unter den Kunstschutz, und solchen, die unter den Musterschutz fallen, ist nur ein gradueller; maßgeblich ist für die Zugehörigkeit zu der einen und anderen Kategorie der größere oder kleinere ästhetische Gehalt (RG. in JW. 1911 S. 777).

Im übrigen spielt der künstlerische Wert und die künstlerische Vollkommenheit für den Begriff der Werke der bildenden Kunst ebensowenig eine Rolle wie für die Schutzfähigkeit. Das Gesetz unterscheidet nicht zwischen den Meisterwerken der größten Künstler der Renaissance und dem künstlerisch wertlosen Gemälde eines Stümpers.

2. Begriff des Werks der bildenden Künste.

Unter einem Werke der bildenden Kunst wird nach der Rechtslehre und Rechtsprechung ein durch Formgestaltung im Raum sich äußerndes Ergebnis individueller künstlerischer Leistung verstanden, das dazu bestimmt ist, auf den Beschauer zu wirken und das ästhetische Gefühl anzuregen, ohne Rücksicht darauf, ob das Werk einen höheren oder geringeren künstlerischen Wert besitzt, und ohne Berücksichtigung des Umstandes, ob neben dem ästhetischen Zweck noch ein praktischer Gebrauchszweck vorhanden ist. Die Definition von Kohler, welcher unter einem Kunstwerk ein subjektives menschliches Raumgebilde versteht, das darauf abzielt, den menschlichen Sinn in der Weltschöpfungsidee darzustellen, ist für die praktische Rechtspflege weniger verwertbar, wohl aber für die tiefere Erforschung des Gegenstandes des Kunstschutzes von Bedeutung.

Wie schon unter Nr. 1 hervorgehoben wurde, kommt es auf das höhere oder geringere Maß der künstlerischen Tätigkeit nicht an. Ist überhaupt eine individuelle, formgebende, also künstlerische

Tätigkeit vorhanden, so ist der Voraussetzung für den Begriff des Kunstwerkes genügt, mag auch der Grad der künstlerischen Vollkommenheit des Kunstwerkes ein im Verhältnis geringer sein. Daraus ergibt sich, daß auch die Gegenstände des Kunstgewerbes den Schutz der Werke der hohen Kunst genießen, jedoch nicht schlechthin, sondern eben nur dann, wenn die Voraussetzungen für den Begriff des Kunstwerkes vorhanden sind. Im einzelnen handelt es sich um folgende begriffliche Momente:

a) Die individuelle Schöpfung. Das Kunstwerk muß auf einer selbständigen geistigen Tätigkeit beruhen. Die künstlerische Schöpfung ist ein Ergebnis des künstlerischen Gedankens, ohne die künsterische Konzeption ist ein künstlerisches Schaffen nicht möglich. Die individuelle Tätigkeit bedingt jedoch keineswegs, daß etwas Neues, bisher ganz Unbekanntes hervorgebracht sei. Wenn in der Literatur wie auch in der Rechtsprechung die Originalität häufig als ein wesentliches Element der individuellen Schöpfung hingestellt wird, so ist dies nur insofern richtig, als man unter der Originalität das selbständige geistige, künstlerische Schaffen versteht. Unrichtig ist diese Formulierung aber dann, wenn darunter die Schaffung von etwas Vorbildlosem, vollständig Überraschendem verstanden wird (vgl. RGZ. 71, 356). Das individuelle Schaffen beruht auf der Eigenart des Künstlers, es ist der Ausfluß seiner künstlerischen Fähigkeit. Seiner Schöpfung prägt der schaffende Künstler seine Eigenart ein, ganz gleichviel, mit welchen Mitteln und in welcher Form das künstlerische Werk geschaffen wird. Ohne individuelle Leistung kann also von einem Kunstgebilde keine Rede sein.

Das Erfordernis der individuellen Tätigkeit darf nun aber nicht dahin verstanden werden, als ob das Gesetz die Anwendung eines besonders hohen Grades derselben bedinge. Es gilt hier das gleiche wie bei der Voraussetzung des Kunstwerkes. Auch auf das Maß der individuellen Tätigkeit und individuellen Eigenart kommt es an sich nicht an. Selbstverständlich muß aber immerhin ein den Verkehrsanschauungen genügendes Maß individueller Tätigkeit entfaltet sein, da sonst von einer Schöpfung nicht gesprochen werden kann. Wer sich damit begnügt, an der Einfassung eines Sessels einige unbedeutende Schnitzereien anzubringen, entfaltet allerdings auch eine gewisse individuelle Tätigkeit, aber dieselbe ist so unbedeutend, daß sie nach den verkehrsüblichen Anschauungen die Voraussetzung für das Kunstwerk nicht bildet.

b) Die Formgebung. Die künstlerische Idee wird in der Form verwirklicht, die individuelle Schöpfung erhält in dieser ihre Verkörperung, mit anderen Worten, in der Form liegt das Wesen der individuellen Schöpfung. Die Bedeutung des Moments der Formgebung ist für die Abgrenzung der Kunstwerke von anderen Darstellungen von maßgeblicher Bedeutung. Ohne die technische Ausführung in der bestimmten Form bleibt die künstlerische Konzeption, wie schon bemerkt, nur ein Vorgang des inneren Lebens und scheidet daher von dem Gegenstand des Kunstschutzes aus. Keine Kunstwerke sind daher beispielsweise Arabesken, Ranken, geometrische Figuren, Drucktypen, Stuckdekorationen, Verzierungen, lebende Bilder, szenische Anordnungen auf einer Bühne (OLG. Hamburg in „Gewerblicher Rechtsschutz" 1904, 187), im Gegensatze zu Theaterdekorationen. Die Schutzfähigkeit der letzteren wird mit Recht von dem Appellhof Paris bejaht (Gewerblicher Rechtsschutz 1900, 203 bis 206). Natürlich kommt es auch hierbei darauf an, daß in der betreffenden Theaterdekoration ein individuelles künstlerisches Schaffen enthalten ist, was einerseits zweifellos bei den modernen Dekorationen der großen Bühnen vorhanden ist, andererseits aber nicht bei den vielfach noch gebräuchlichen Dekorationen kleinerer Theater. Es unterliegt keinem Zweifel, daß z. B. die Dekorationen zu Parsifal, Aida, Mona Lisa usw. an den Bühnen von Paris, Wien, Berlin usw. Kunstwerke sind.

Die Formgebung ist nicht erst dann vorhanden, wenn das Kunstwerk vollständig vollendet ist, sondern vielmehr auch schon dann, wenn die definitive Form noch nicht vorliegt, wohl aber eine Zwischenform; daher kann die Skizze eines Kunstwerkes ebenfalls schon Kunstwerk sein, desgleichen das Modell einer Bronzefigur, das in Ton ausgeführte Modell einer plastischen Darstellung, deren Ausführung in Marmor erfolgt, das aus unedlem Metall hergestellte Modell eines künstlerischen silbernen Bechers usw. Im Gegensatz zu früheren Zeiten hat die Rechtsübung in den letzten Jahrzehnten, und zwar nicht nur in Deutschland, sondern auch in anderen Ländern, besonders in Frankreich, Italien usw., Skizzen, Ateliermodells und ähnlichen Schöpfungen des Werdeganges des Kunstwerks zwischen Konzeption und Vollendung den Charakter des Kunstwerks nicht versagt. Es ist bekannt, daß die Skizzen und Entwürfe der großen Künstler, vor allem der Maler, ganz besonders geschätzt und hoch bezahlt werden. Die außerordentlich wertvollen Sammlungen der holländischen Museen der Skizzen und Entwürfe von Teniers, Hals und anderen Meistern der holländischen Schulen beweisen dies zur Genüge. Auf den Stoff, in welchem das Modell hergestellt worden ist, kommt es dabei natürlich nicht an.

c) Der ästhetische Zweck. Das Kunstwerk muß für die Anregung des ästhetischen Gefühls durch Beschauung bestimmt sein; nur in diesem Sinne ist es berechtigt, den ästhetischen Zweck als wesentliches Begriffsmoment zu bezeichnen; unrichtig wäre es aber, den ästhetischen Zweck als den Hauptzweck anzusehen, oder gar denselben als den ausschließlichen Zweck zu betrachten. Der praktische Gebrauchszweck kann neben dem ästhetischen Zweck vorhanden sein, ohne daß hieraus ein Bedenken gegen die Annahme des Kunstwerks abgeleitet werden kann. In der Praxis macht sich mitunter eine unrichtige Beurteilung insoweit geltend, als es sich um Gegenstände handelt, die einem Gebrauchszweck dienen. Ein Meißener Service ist ebenso ein Kunstwerk wie eine künstlerisch geschnittene Aschenschale, obwohl beide Gegenstände dem Gebrauchszweck dienen. Die unrichtige Rechtsübung beruht auf einer Verkennung der Bedeutung des Nützlichkeitszwecks für den Begriff. (Vgl. Kohler, Kunstwerkrecht, S. 46: „Das künstlerische Gebilde, welches bestimmt ist, einen Gebrauchsgegenstand zu verschönern und zu veredeln, um damit eine ästhetisch anziehende Gebräuchlichkeit zu erzielen, bleibt Kunstwerk.“)

Unter § 1 des Gesetzes fallen daher beispielsweise künstlerische Darstellungen von Menschen für elektrische Leuchter, eine Bilddarstellung auf einer Ansichtspostkarte, auf einer Menükarte, auf der Verzierung eines Kalenders, ein Exlibris usw. Gleichgültig ist der Grad der ästhetischen Anregung; der Begriffsbestimmung ist genügt, wenn überhaupt eine Anregung des ästhetischen Sinnes durch Anschauung hervorgerufen werden kann. Selbstverständlich ist es ohne Bedeutung, ob die Anregung im Einzelfalle auch wirklich hervorgerufen worden ist; auf die Empfänglichkeit des Beschauers für ästhetische Genüsse kommt es nicht an.

d) Die Kunstmittel. Die Kunstmittel sind diejenigen Mittel, durch welche der Kunstgedanke verwirklicht wird. Die Verwirklichung des Kunstgedankens kann, weil es sich bei den Werken der hohen Kunst wie auch bei den Werken, welche dem Kunstgewerbe angehören, um die Einwirkung auf den ästhetischen Sinn durch Beschauen handelt, sowohl in der flachen Form als auch in der Körperform erfolgen. Mit Recht wird von Kohler bemerkt, daß der Unterschied zwischen Fläche und Körper weder im Sinne der Mathematik noch der Optik, sondern im Sinne der Ästhetik in Betracht kommt, daß es also lediglich darauf ankommt, ob die ästhetische Wirkung durch das Nebeneinandersein bewirkt wird oder nicht (Kohler, Kunstwerkrecht, S. 51). In der bildenden Kunst wird unterschieden, ob die künstlerische Verkörperung in zwei oder in drei Dimensionen erfolgt. Bei den zeichnenden Künsten erfolgt die Verwirklichung in zwei Dimensionen, bei den plastischen in drei Dimensionen. Der Unterschied zwischen der einen und anderen Art der bildenden Künste ist keineswegs nur für die Ästhetik oder für die künstlerische Auffassung von Bedeutung, sondern auch für die Rechtsübung. Auch das Gesetz kennt den Unterschied zwischen der malenden Kunst und der zeichnenden Kunst (vgl. § 20). Zu den drei dimensionalen Künsten gehört auch die Baukunst. Osterrieth rechnet auch die Gartenbaukunst und die Blumenbinderei zu den letzteren und erstreckt daher den Begriff der Werke der bildenden Kunst auch auf diese (vgl. Osterrieth, Kunstschutzgesetz, S. 19). Der Sprachgebrauch steht hiermit nicht im Einklang, und soweit ersichtlich, hat die Rechtsübung bisher keinen Anlaß gefunden, sich mit der Frage zu befassen, ob gegen die Nachahmung von Schöpfungen eigenartig angelegter Blumenbeete und kunstvoll zusammengestellter Blumengebinde und Buketts eingeschritten werden kann. An und für sich kann nicht bestritten werden, daß auch in den Werken der Gartenbaukunst und insbesondere der Blumenbinderei sich ein künstlerischer Gedanke selbstschöpferisch verwirklichen kann.

e) Original und Kopie. Geschützt ist nicht nur das Originalwerk, sondern auch die Nachbildung, wenn dieselbe eine individuelle Schöpfung ist. Auch die unberechtigt hergestellte Kopie kann ein Kunstwerk sein. Die Nachbildung eines Werks der Kunst braucht nicht in demselben Kunstverfahren zu erfolgen, sie kann vielmehr auch Gegenstand eines anderen Kunstverfahrens sein. Das Gemälde kann also in einer Radierung nachgebildet werden, welche ihrerseits als Kunstwerk anzusehen ist. Umgekehrt kann auch die Zeichnung durch eine Schöpfung der Malerei nachgebildet werden. Die Reproduktion des Gemäldes durch die Photographie schafft aber kein Werk der bildenden Kunst, sondern ein Werk der Photographie.

f) Die Bedeutung der Entstellung. Der Begriff des Kunstwerks wird nicht dadurch ausgeschlossen, daß die bei der Darstellung benutzte künstlerische Idee in einer häßlichen Form Ausdruck findet. Daher ist die Frage, ob Karikaturen geschützt sind, an sich zu bejahen, allerdings nur unter der Voraussetzung, daß dieselben die Verwirklichung einer künstlerischen Tätigkeit bilden. Der nicht selten gegen die Richtigkeit dieser Auffassung geltend gemachte Standpunkt, daß es bei der Karikatur an dem Moment der Einwirkung auf den ästhetischen Sinn fehle, ist unrichtig. Derselbe verkennt auch die Bedeutung, welche die Karikatur in der Kultur und Kunstdarstellung hat. Mit Recht hat Kohler, Kunstwerkrecht S. 161, darauf hingewiesen, daß die Karikatur eine der wichtigsten und wirksamsten Seiten der Kunstdarstellung sei und auch abgesehen von ihrem künstlerischen Wert der Menschheit niemals entzogen werden dürfe. Es gibt bekanntlich nicht nur eine Ästhetik des Schönen, sondern auch eine Ästhetik des Häßlichen. Die Rechtsübung hat nicht die Aufgabe, die ästhetischen Gesetze festzustellen, sondern lediglich die Verwirklichung eines Kunstgedankens in ihrer Bedeutung als künstlerische Schöpfung anzuerkennen. Die Kunstgeschichte aller Zeiten weist zahlreiche Karikaturen auf, welche einen dauernden Platz in ihr verdienen und ohne welche die Entwicklungsgeschichte der bildenden Künste eine ebenso empfindliche Lücke aufweisen würde wie die Entwicklungsgeschichte überhaupt.

g) Kataloge und Kunstwerke. Ob Kataloge, welche bildliche Darstellungen enthalten, als Kunstwerke geschützt sind, läßt sich nur nach den Umständen des Einzelfalles beantworten. Es besteht darüber kein Zweifel, daß Kataloge, welche nicht nur in einer rein mechanischen Tätigkeit des zweckmäßigen Zusammenstellens der einzelnen Warenklassen und deren Preise und in der Beifügung entsprechender bildlicher Veranschaulichungen der zum Verkauf angezeigten Waren bestehen, sondern sich bezüglich des illustrativen Teils als Erzeugnisse einer schöpferischen geistigen Tätigkeit darstellen, unter den Begriff der Kunstwerke dann zu rechnen sind, wenn dieser illustrative Teil bestimmt ist, das ästhetische Empfinden des Beschauers anzuregen. Allerdings sind die meisten Kataloge nicht geeignet, diesen Anforderungen zu entsprechen, weil die Abbildungen mehr einen belehrenden als einen ästhetischen Zweck haben. Jedoch gibt es auch eine nicht zu kleine Anzahl von Katalogen, bei welchen der ästhetische Zweck zweifellos vorhanden ist. Vor allem kommen hier in Betracht die Kataloge der Kunstanstalten und Kunstsammlungen, Museen, welche bekanntlich teilweise von anerkannten Künstlern hergestellt werden. Auch der Katalog eines Möbelgeschäftes, eines Antiquariats in Kunstgegenständen kann unter Umständen ein Kunstwerk sein. Nicht können dagegen auf den Kunstschutz Anspruch erheben die Kataloge der Textilgeschäfte aller Art, der Fabriken für optische Gegenstände, für Instrumente, insbesondere für medizinische Instrumente, der Werkzeug-, Maschinen-, Schiffsbauanstalten usw.; unter Umständen steht aber denselben der Schutz nach dem Gesetze vom 19. Juni 1901 zu. Wenn und insoweit ein gewerblicher Katalog als Kunstwerk anzusehen ist, so kommt es nicht darauf an, ob die Katalogbilder nach Photographien oder nach der Natur aufgenommen worden sind. Die in dem Katalog eines Museums abgebildeten Möbel können daher nicht nur dann Kunstwerke sein, wenn sie direkt nach den einzelnen Möbeln hergestellt wurden, sondern auch dann, wenn zunächst die Möbel photographiert wurden und auf Grund der Photographien die Herstellung erfolgte (RG. in M. u W. 14, 370).

II. Werke der Photographie.

1. Begriff.

Unter den Werken der Photographie werden solche Gegenstände verstanden, bei welchen die das Bild hervorbringende Wirkung durch Licht, Strahlen oder Elektrizität hervorgerufen wird; das gewonnene Lichtbild wird durch einen chemischen Prozeß, wie Kohler sagt, festgelegt (vgl. Kunstwerkrecht S. 33). Es besteht kein Zweifel darüber, daß zu den Werken der Photographie nicht nur das fertige Erzeugnis, sondern auch das Erzeugnis in dem Zwischenstadium seiner Bearbeitung verstanden wird, also insbesondere das sogenannte Negativ. Auf den Umstand, ob eine individuelle künstlerische Tätigkeit vorliegt, kommt es bei den Werken der Photographie nicht an, dies findet seine Rechtfertigung darin, daß die Photographie für das Gesetz nicht als Kunst, sondern als Technik in Betracht kommt. Als photographische Werke sind auch alle diejenigen anzusehen, welche durch ein der Photographie ähnliches Verfahren hergestellt werden (vgl. § 3).

2. Photographische Erzeugnisse und künstlerische Werke.

Ob ein Werk der Photographie oder ein Werk der bildenden Künste vorliegt, läßt sich nur von Fall zu Fall entscheiden, die Zuhilfenahme sachverständiger Gutachten ist hierbei nicht zu entbehren. In der Begründung des Gesetzes wird hervorgehoben, daß durch Verfahren, die von der Übertragung des Bildes auf photographischem Wege ausgehen, kein Werk der bildenden Künste hergestellt wird, sondern ein Werk der Photographie, auch dann nicht, wenn die menschliche Hand dabei durch Retuschierung oder eine gleichwertige Nachbehandlung mitwirkt. Dagegen sehen die Motive in einem von der Hand des Künstlers verfertigten Gegenstand, z. B. in einem Holzschnitt, auch dann ein Kunstwerk, wenn die Photographie mitbenutzt worden ist. Die Ansicht der Motive ist nicht als richtig anzuerkennen (ebenso Osterrieth S. 27, III). Wenn das auf photographischem Wege hergestellte Erzeugnis sei es durch Retuschierung, sei es durch Bemalung oder sonstwie eine eigentümliche Gestaltung erhält, so ist kein Grund vorhanden, demselben den Charakter eines Werks der bildenden Kunst abzusprechen. In den seit Ausarbeitung der Motive verflossenen Jahren hat die künstlerische Ausgestaltung der photographischen Erzeugnisse bekanntlich außerordentliche Fortschritte gemacht; das mechanische Element ist mehr und mehr zurückgetreten, das künstlerische ist in den Vordergrund getreten und die Bedeutung der Retuschierung für die Herstellung einer den künstlerischen Anforderungen entsprechenden Darstellung ist allgemein anerkannt. Es ist daher unter dem Standpunkt der heutigen Entwicklung der photographischen Darstellungsmöglichkeit nicht anzuerkennen, daß trotz individueller Nachbehandlung ein photographisches Werk in keinem Falle zu einem Werk der bildenden Kunst werden könne. Es kommt eben alles auf die Entscheidung im Einzelfalle an.

III. Urheber.

1. Begriff des Urhebers.

Urheber ist derjenige, welcher den künstlerischen Gedanken für das Werk gefaßt und künstlerisch zum Ausdruck, also zur Darstellung gebracht hat. Es kommt also für die Urheberschaft auf zwei Momente an, einmal die Konzeption des künstlerischen Gedankens und sodann die künstlerische Ausführung. Bei dem photographischen Werk ist der Urheber derjenige, welcher die Aufnahme gemacht hat. Urheber ist sonach nicht der Besteller des Gemäldes, der Photographie, der Bildsäule, sondern der ausführende Künstler. Die Urheberschaft wird dadurch nicht beeinträchtigt, daß der Künstler von dem Besteller gewisse Direktiven gestellt bekommen hat, welche er bei der Ausführung beachtet. Die Direktiven können niemals die freie Schaffenskraft des Künstlers in Frage stellen. Beruht das Kunstwerk auf der künstlerischen Tätigkeit mehrerer, so liegt Miturheberschaft vor (vgl. § 8). Dieselbe ist wesentlich verschieden von der Verwendung von Gehilfen, Werkmeistern und Arbeitern bei der Ausführung. Eine Miturheberschaft wird auch dadurch noch nicht begründet, daß der schaffende Künstler hervorragende Gehilfen verwendete, die selbst später Bedeutendes arbeiteten. Auch die großen Meister der Renaissance blieben alleinige Urheber ihrer Werke, trotzdem sie sich bei der Ausführung zum Teil bedeutender Hilfskräfte bedienten, deren Namen in der Kunstgeschichte erhalten geblieben sind.

2. Das Urheberrecht der Angestellten, Arbeiter und Gehilfen.

Bei photographischen Anstalten, ferner bei kunstgewerblichen und architektonischen Unternehmungen werden die Aufnahmen bezw. die Herstellung der Werke häufig durch Angestellte, Arbeiter oder Gehilfen vorgenommen. Die Frage, ob das Urheberrecht der Anstalt, der Unternehmung oder dem betreffenden Angestellten, Arbeiter und Gehilfen zusteht, hat daher eine erhebliche praktische Bedeutung. Nach § 2 des Gesetzes vom 11. Jan. 1876 gilt die Vermutung, daß bei Mustern, Modellen, welche von den in gewerblichen Anstalten beschäftigten Zeichnern, Malern oder Bildhauern usw. im Auftrag oder für Rechnung des Eigentümers der gewerblichen Anstalt angefertigt werden, letzterer als Urheber anzusehen ist. Wenn auch diese Bestimmung nicht für die Tragweite des Kunstschutzgesetzes gilt, so ist gleichwohl auch für die obengenannten Fälle *regelmäßig anzunehmen, daß das Urheberrecht auf den Inhaber des Unternehmens übergeht.* Die Grundsätze, welche in dem Patentrecht für die Frage des Rechts der Angestellten an den von ihnen gemachten Erfindungen gelten, lassen sich auf die ganz anders gearteten Verhältnisse bezüglich des Urheberrechts nicht anwenden. Eine besondere Vereinbarung darüber, daß infolge des Anstellungsverhältnisses das Urheberrecht auf den Dienstherrn übergeht, ist nicht erforderlich. Der Übergang kann nach Treu und Glauben auch ohne die ausdrückliche Vereinbarung mit Rücksicht auf die Funktionen des Angestellten anzunehmen sein, also insbesondere dann, wenn es sich um einen künstlerisch vorgebildeten Angestellten handelt, in dessen Funktionen die Lösung künstlerischer Aufgaben fällt. Es kommt hierbei insbesondere auf die dem Angestellten gewährte Vergütung an; bei einem hochbezahlten Angestellten, der sein ganzes künstlerisches Können in den Dienst des anderen gestellt hat, ist anzunehmen, daß ein etwaiges Urheberrecht desselben an den im Dienste geschaffenen Werken der bildenden Kunst auf diesen übergehen soll (OLG. Düsseldorf in M. u. W. 18, 162), Miturheberrecht ist in diesem Falle nicht anzunehmen.

3. Das Urheberrecht der Schüler.

Im allgemeinen ist der bei einem Künstler tätige Schüler nicht Urheber des in der künstlerischen Werkstätte geschaffenen Werkes, jedoch kann der Fall so liegen, daß demselben die Stellung des Miturhebers zusteht. Wenn der Schüler den auf eigner künstlerischer Konzeption beruhenden Entwurf ausführt, bei dem der Meister mehr oder weniger bedeutsame Korrekturen vornimmt, so ist der erstere im Verhältnis zu dem letzteren als Miturheber anzusehen. Die ganz großen Meister haben auch bei manchen ihrer Werke von unvergeßlicher Bedeutung in dieser Weise gearbeitet. Hat der Schüler die Stellung des bezahlten Gehilfen, so kommen die unter Nr. 2 angeführten Grundsätze zur Anwendung. Konflikte über das Urheberrecht zwischen Meistern und Schülern haben in der früheren Kunstgeschichte eine nicht unbedeutende Rolle gespielt, in der Gegenwart dagegen treten sie wesentlich zurück hinter den Konflikten zwischen den Kunstanstalten und den bei ihnen beschäftigten Meistern und Gehilfen.

§ 2.

Die Erzeugnisse des Kunstgewerbes gehören zu den Werken der bildenden Künste. Das gleiche gilt von Bauwerken, soweit sie künstlerische Zwecke verfolgen.

Als Werke der bildenden Künste gelten auch Entwürfe für Erzeugnisse des Kunstgewerbes sowie für Bauwerke der im Absatz 1 bezeichneten Art.

I. Erzeugnisse des Kunstgewerbes.

1. Gleichstellung mit den Werken der hohen Kunst.

Im Gegensatze zu dem früheren Recht ist in voller Übereinstimmung mit der Rechtsentwicklung in den meisten Staaten die Gleichstellung der Erzeugnisse des Kunstgewerbes mit den Werken der hohen Kunst eingeführt worden. Der in dem früheren Recht festgehaltene Standpunkt, wonach die Werke der hohen Kunst den Charakter als solchen durchaus einbüßten, falls sie zu Zwecken der praktischen Nützlichkeit verwendet wurden, ist in dem geltenden Recht vollständig aufgegeben worden. Das kunstgewerbliche Produkt steht den Werken der hohen Kunst gleich, wenn es den Voraussetzungen entspricht, welche nach den Ausführungen zu § 1 an diese gestellt werden müssen. Entscheidet einerseits und genügt andererseits für den Begriff des Werks der bildenden Kunst das Merkmal der individuellen künstlerischen Schöpfung, so ist im Sinne unseres Gesetzes jedes Erzeugnis des Kunstgewerbes unter dieser Voraussetzung gleichzeitig ein Werk der bildenden Künste (RG. in M. u. W. 12, 566). Die Motive des Gesetzes führen aus, daß nicht etwa jede beliebige bildnerische Ausgestaltung oder Verzierung eines gewerblichen Gegenstandes denselben in das Gebiet der Erzeugnisse des Kunstgewerbes und damit eines Werks der bildenden Künste erhebt, daß vielmehr eine individuelle formgebende Tätigkeit erforderlich ist. Die Praxis hat sich auf den Boden dieser Auffassung gestellt und dieselbe in der Hauptsache folgerichtig entwickelt. Die Befürchtungen, die bei Erlaß des Gesetzes vereinzelt bestanden haben, daß der Schutz auch auf gewerbliche Erzeugnisse erstreckt werde, welche der künstlerischen Gestaltung entbehren, hat sich durchaus als unbegründet erwiesen, man kann eher sagen, daß die Anforderungen, welche an den Begriff des kunstgewerblichen Erzeugnisses in Deutschland gestellt werden, strenger sind wie in anderen Ländern. Auf die Entwicklung des Kunstgewerbes ist dies allerdings nur von vorteilhaftem Einfluß gewesen.

2. Begriff.

Als Erzeugnisse des Kunstgewerbes werden alle diejenigen gewerblichen Erzeugnisse angesehen, die einem Gebrauchszweck dienen und die zugleich durch ihre Form das ästhetische Gefühl zu befriedigen geeignet sind. Darunter fallen insbesondere plastischer und malerischer Bauschmuck, Möbel und Geräte, Gefäße, Schmucksachen usw. Verlangt wird für die Anwendung des Gesetzes das Ergebnis der Tätigkeit einer *künstlerischen Schöpfung*, da sonst von einem kunstgewerblichen Erzeugnis keine Rede sein kann. Liegt aber eine solche Leistung vor, dann kommt es gar nicht darauf an, ob der vorhandene Kunstwert bezw. künstlerische Wert ein höherer oder niedrigerer ist. Auch *Entwürfe* kunstgewerblicher Erzeugnisse sind geschützt.

Ein Entwurf eines Erzeugnisses des Kunstgewerbes liegt jedoch nicht vor, wenn der Entwerfende sich darüber klar war, daß der Gegenstand, für welchen er den Entwurf geliefert hat, als kunstgewerbliches Erzeugnis überhaupt nicht in Betracht kommt; gleichgültig ist es, ob die Möglichkeit besteht, nach dem Entwurf ein kunstgewerbliches Erzeugnis herzustellen, oder nicht. (So Melsbach in Gewerblicher Rechtsschutz 13, 110.) Entwürfe zu Spitzenmustern können daher ebenso wie Entwürfe zu Bronzeschalen, zu eigenartigen Möbeln als kunstgewerbliche Erzeugnisse geschützt sein, dagegen nicht Entwürfe zu Ornamenten, weil diese selbst keine kunstgewerblichen Erzeugnisse sind (vgl. Schanze in Gewerblicher Rechtsschutz Bd. 11 S. 11 und M. u. W. Bd. 10 S. 230).

3. Künstlerischer Zweck und Gebrauchszweck.

Es ist schon hervorgehoben worden, daß der früher festgehaltene Standpunkt, wonach der Gebrauchszweck auf die Schutzfähigkeit eines kunstgewerblichen Erzeugnisses von maßgeblichem Einfluß war, vollständig aufgegeben wurde. Für die praktische Rechtsübung ist es daher bedeutungslos, im Einzelfalle feststellen zu wollen, wie das Verhältnis des künstlerischen Zwecks zu dem Gebrauchszweck ist, ob insbesondere der letztere den ersteren überwiegt oder nicht. Auch eine Befragung der Sachverständigenkammer über das Verhältnis dieser beiden Zwecke zueinander im Einzelfalle kommt nicht in Frage und sollte von den Gerichten vermieden werden Das Gutachten der Sachverständigenkammer hat sich nur darauf zu erstrecken, ob der betreffende Gegenstand vermöge seiner Formgestaltung geeignet erscheint, den ästhetischen Sinn zu befriedigen. In der Praxis mancher Gerichte tritt immer noch der Gedanke hervor, durch einen Sachverständigen feststellen zu lassen, ob die Anregung des ästhetischen Sinns gegenüber dem Nützlichkeitszweck überwiegt; hierauf kann es aber nicht ankommen, ein Urteil, welches auf dieser Auffassung beruht, unterliegt der Aufhebung.

4. Das Verhältnis zu dem Geschmacksmustergesetz.

Durch § 2 wird die Tragweite des Musterschutzgesetzes vom 11. Jan. 1876 nicht eingeschränkt. Formgestaltungen, welche für gewerbliche Erzeugnisse als Vorbild dienen sollen, aber nicht zu den künstlerischen Schöpfungen zu rechnen sind, können nach wie vor nur als Muster nach dem soeben genannten Gesetz geschützt werden. Als Beispiele hierfür seien erwähnt: Linienmuster für die Stoffgewerbe, für Tapeten, Linoleum, Vorlagen für die Konfektion und Bekleidungsindustrie, plastische Bildwerke für Aschenschalen, Zigarettenständer, Postkartenhalter usw. bei nicht individueller Formgestaltung und ohne Kunstwert, sog. Bazarware.

Anders verhält es sich mit solchen Erzeugnissen, welche zweifellos Erzeugnisse des Kunstgewerbes sind, aber auch den Anforderungen an das Geschmacksmuster entsprechen. Der Unterschied zwischen dem Erzeugnis, welches lediglich als Geschmacksmuster in Betracht kommt, und einem kunstgewerblichen Erzeugnis ist nicht nur ein gradueller. Ist ein Erzeugnis sowohl kunstgewerbliches Erzeugnis als auch als Geschmacksmuster schützbar, so ist der Berechtigte in der Lage, sowohl dasselbe in das Musterregister eintragen zu lassen, als auch lediglich den Schutz nach § 2 dieses Gesetzes in Anspruch zu nehmen. Wenn er die Eintragung vornehmen läßt, so hat dies die Bedeutung eines doppelten Schutzes, und es besteht dann der Vorteil, daß auch nach Ablauf des fünfzehnjährigen Schutzes als Geschmacksmuster eine Nachahmung mit Rücksicht auf § 25 unseres Gesetzes unstatthaft ist. Aus der Möglichkeit des doppelten Schutzes haben sich Nachteile nach keiner Richtung hin ergeben. Im allgemeinen wird von der Eintragung als Geschmacksmuster dann kein Gebrauch gemacht, wenn der kunstgewerbliche Charakter des Erzeugnisses außer Zweifel ist. Da die Anforderungen des Geschmacksmusters nicht so weit gehen wie die Anforderungen des Begriffs des kunstgewerblichen Erzeugnisses, so ist nicht zuzugeben, daß Geschmacksmuster nur dasjenige sei, was überhaupt nicht fähig wäre, ein Kunstwerk zu bilden (so Kohler, Kunstwerkrecht, S. 46/47).

II. Bauwerke.

1. Das Bauwerk mit künstlerischem Zweck.

Die Unterstellung der Werke der Baukunst unter den Schutz der Werke der bildenden Künste ist das Ergebnis einer langen Rechtsentwicklung; maßgeblich war für die deutsche Gesetzgebung einmal die Gesetzgebung des Auslandes, sodann aber auch das unbestreitbare Bedürfnis, die Werke der Baukunst nicht länger hinter den übrigen Werken der bildenden Kunst in Ansehung des Schutzes zurückzusetzen. Ob es vom methodologischen Standpunkt aus richtiger wäre, die Werke der Baukunst in den Bereich des Musterschutzes einzureihen, wie Kohler, Kunstwerkrecht S. 35, behauptet, kann dahingestellt bleiben. Ihre Unterstellung unter die Werke der bildenden Künste entspricht der Rechtsentwicklung in den meisten Staaten. Das Bauwerk ist nicht schlechthin geschützt, sondern nur insoweit, als es künstlerische Zwecke verfolgt. Das Bauwerk gehört zu den unbeweglichen Gegenständen. Die Frage, ob nach den Bestimmungen des BGB. das Bauwerk im Einzelfalle als wesentlicher Bestandteil des Grund und Bodens anzusehen ist, kommt bei der Auslegung unseres Gesetzes nicht in Betracht. Die unabweisliche Voraussetzung für den Schutz ist aber, daß das Bauwerk künstlerische Zwecke verfolgt; damit ist gesagt, daß diejenigen Bauwerke, bei welchen von einer künstlerischen, individuellen Form keine Rede sein kann, nicht unter dem Schutz des Gesetzes stehen. Andererseits darf aber nicht der Standpunkt vertreten werden, daß der Schutz solchen Bauwerken nicht zuteil werde, bei welchen der Gebrauchs- oder Nützlichkeitszweck gegenüber dem künstlerischen Zweck der überwiegende ist. Ein Brückenbau, bei welchem zweifellos der Nützlichkeitszweck im Vordergrund steht, ist gleichwohl in vielen Fällen, wenn nicht geradezu regelmäßig, als geschütztes Bauwerk im Sinne unseres Gesetzes anzusehen; es darf beispielsweise an die modernen Brücken in Bonn, Köln usw. erinnert werden, bei denen der künstlerische Zweck durch Anpassen an die Eigenart des Landschaftsbildes ganz besonders zur Verkörperung gelangt ist. Weil bei den Bauwerken die Verfolgung künstlerischer Zwecke begriffliche Voraussetzung des Schutzes ist, muß im Einzelfalle zwischen der künstlerischen und technischen Seite des Bauwerks unterschieden werden; die technische Vollendung würde noch nicht genügen, um dem Werk den Schutz des § 2 zu sichern, die Anregung des ästhetischen Sinnes durch die monumentale Schöpfung muß hinzutreten. Wie die Motive des Gesetzes hervorheben, ist es die Absicht gewesen, die Werke der Baukunst sowohl gegen die bildliche Wiedergabe durch Zeichnung, Photographie usw. als auch insbesondere gegen das Nachbauen zu schützen; für die praktische Rechtsübung kommt ganz besonders der Schutz gegen das Nachbauen in Betracht. Unter den Schutz des Bauwerks fällt weder die Innendekoration, und zwar auch dann nicht, wenn sie eingebaut ist, noch die Außendekoration, welche, wie beispielsweise Fresken oder Mosaikbilder, dem monumentalen Zweck nicht dient. Der Begriff „Werke der Baukunst" ist ein sehr ausgedehnter. Man versteht darunter alle monumentalen Schöpfungen, welche durch die Mittel der Bautechnik ausgeführt werden, also nicht nur Wohnhäuser und Bauten zu gewerblichen Zwecken, sondern auch Mauern, Brunnen, Tore, Wasserleitungen, Kanäle, Bewässerungsanlagen usw. Der Unterschied zwischen Werken der Hochbaukunst und der Tiefbaukunst, welcher technisch von großer Bedeutung ist, kommt für die Auslegung des Gesetzes nicht in Betracht; andererseits gehören nicht zu den Werken der Baukunst Gartenanlagen, Parkanlagen, Pflanzenanlagen, Orangerien, weil bei denselben das Moment des Monumentalen fehlt. Ob im Einzelfalle ein Werk der Baukunst oder ein Werk der Plastik vorliegt, kann mitunter zweifelhaft sein. Für die praktische Rechtsübung hat dies kaum Bedeutung, weil das künstlerischen Zwecken dienende Bauwerk ebenfalls geschützt ist.

2. Das Bauwerk ohne künstlerischen Zweck.

Bauwerke, die ausschließlich Nützlichkeitszwecken dienen, auf künstlerische Formgestaltung aber verzichten, sind von dem Schutz ausgeschlossen, also beispielsweise Ställe, gewöhnliche Miethäuser im Kasernenstil, gewöhnliche Brunnen, Mauern, gewöhnliche Tore, eine Wasserleitung, ein Kanal, eine Drainage, die gewöhnlichen Grabdenkmäler, Arbeiterwohnungen, Schachtanlagen usw. Bekanntlich wird die heutige Architektur durch den Gedanken beherrscht, neben dem Gebrauchs- den künstlerischen Zweck so intensiv wie nur möglich zu betonen und zu verwirklichen. Daraus erklärt es sich, daß die Zahl der Werke der Baukunst, welche unter den Schutz des Gesetzes fallen, gegenüber früheren Zeiten eine so außerordentliche Vermehrung aufzuweisen hat.

3. Teile des Bauwerks.

Geschützt ist nicht nur das Bauwerk als Ganzes, sondern auch jeder einzelne Teil desselben unter der Voraussetzung, daß der einzelne Teil auch künstlerische Zwecke verfolgt. Die Tatsache, daß die allgemeine Bauanlage künstlerischen Zwecken dient, genügt noch nicht für die Schutzfähigkeit jedes einzelnen Teils. Ein Gebäude kann daher als Ganzes betrachtet geschützt sein, andererseits kann die Lichthofanlage, ein Erker, eine Fassade geschützt sein, während das Ganze nicht geschützt ist. Die letzten Fälle werden allerdings praktisch außerordentlich selten sein, weil der Architekt doch Wert darauf legt, daß, wenn die einzelnen Teile künstlerische Leistungen sind, auch das Bauwerk als Ganzes künstlerische Zwecke verfolgt. Für den Schutz ist es gleichgültig, aus welchem Material das Bauwerk, seien es die einzelnen Teile, sei es das Ganze, hergestellt ist, auch die aus Holz oder Eisen hergestellten Teile sind unter der Voraussetzung der Verfolgung künstlerischer Zwecke geschützt.

III. Entwürfe zu kunstgewerblichen Erzeugnissen und Bauwerken.

Die ausdrückliche Erwähnung des Schutzes der Entwürfe für kunstgewerbliche Erzeugnisse und Bauwerke ist von dem Gesetz um deswillen als erforderlich erachtet worden, damit Zweifel darüber beseitigt werden, daß diese Entwürfe nicht nur dann geschützt sind, wenn die volle ästhetische Wirkung erst in der Ausführung zur Offenbarung gelangt. Die selbstverständliche Voraussetzung für den Schutz des Entwurfs ist aber, daß sich in ihm eine künstlerische Gestaltungskraft verkörpert. Das Verhältnis zwischen dem Entwurf und dem fertigen Werk spielt für den Schutz des ersteren keine Rolle. Der Entwurf eines Gebäudes kann daher geschützt sein auch dann, wenn das fertige Gebäude in wesentlichen Teilen und Punkten mit dem Entwurf nicht übereinstimmt. Das Urheberrecht an dem Entwurf ist scharf zu unterscheiden von dem Urheberrecht an dem Werk selbst (vgl. RGZ. 82, 333.)

Auch die Entwürfe zu Werken der Ingenieurkunst, wie insbesondere Entwürfe zu Brückenbauten, sind geschützt (vgl. RGSt. 43, 196 und Warneyer 14, 386).

Auf Entwürfe, welche unter den vorstehenden Paragraphen fallen, findet § 1 Ziff. 3 des Gesetzes vom 19. Juni 1901 keine Anwendung, während anderseits auf Zeichnungen, welche ihrem Hauptzweck nach nicht als Kunstwerke zu betrachten sind, die soeben genannte Bestimmung Anwendung findet.

§ 3.

Als Werke der Photographie gelten auch solche Werke, welche durch ein der Photographie ähnliches Verfahren hergestellt werden.

1. Werke der Photographie.
2. Photographieähnliche Werke.

1. Werke der Photographie.

Die Motive zu dem Gesetz führen aus, daß eine Erläuterung des Begriffs der Werke der Photographie überflüssig erscheine. In dem Kommissionsbericht zu dem Gesetze vom 10. Jan. 1876, betreffend den Schutz von Photographien, wurde gesagt, daß unter Photographie jedes Verfahren zu verstehen sei, vermittels dessen Bilder durch die Wirkung des Lichtes hergestellt werden. Dank den Fortschritten, welche seitdem auf dem Gebiete der Photographie gemacht worden sind, ist diese Begriffserläuterung heute nicht mehr vollständig erschöpfend. Das Wesen der Photographie liegt allerdings auch heute noch darin, daß eine chemische Wirkung des Lichtes auf Platten hervorgerufen wird, welche auf die Lichtempfindung stark reagieren. Entweder entsteht das Bild durch die direkte Einwirkung des Lichtes oder durch die indirekte. Zu den Werken der Photographie gehört nicht nur das fertige Erzeugnis, sondern auch das Erzeugnis auf den Zwischenstufen, also vor allem das Negativ. Kohler erblickt das Wesen der Photographie darin, daß man das Lichtbild eines Außengegenstandes veranlaßt und dieses Bild durch einen chemischen Prozeß festlegt, „das Mittel, die aus der Außenwelt entnommene Idee zu verbildlichen, besteht in der Lenkung des Bildwerdungsprozesses und in der Lenkung des chemischen Vorgangs, der das empfangene Bild in der einen oder anderen Weise zur Festlegung bringen soll" (Kunstwerkrecht S. 33). Die Kohlersche Definition kommt in der Hauptsache auf das gleiche heraus wie die vorstehende, in der Praxis angenommene.

2. Photographieähnliche Werke.

Ob ein der Photographie ähnliches Verfahren vorliegt, hängt davon ab, ob an Stelle des Lichtes eine andere Art strahlender Energie verwendet worden ist, um ein Bid hervorzubringen. In der Praxis werden dieserhalb als der Photographie ähnliche Verfahren betrachtet solche Verfahren, bei denen ein Bild durch Röntgenstrahlen oder Wärmestrahlen erzeugt wird, ferner die photomechanischen Druckverfahren, die Autotypie, die Heliogravüre und die damit verwandten Tiefdruckverfahren. Falls durch ein Verfahren nicht ein neues Bild erzeugt wird, sondern nur eine verblaßte Photographie wiederaufgefrischt wird, so liegt ein Werk nicht vor, das durch ein der Photographie ähnliches Verfahren erzeugt worden ist (so auch Osterrieth, Kommentar, S. 41 unter Nr. 2).

§ 4.

Soweit Entwürfe als Werke der bildenden Künste anzusehen sind, findet das Gesetz, betreffend das Ur-

heberrecht an Werken der Literatur und der Tonkunst, vom 19. Juni 1901 (Reichsgesetzbl. S. 227) auf sie keine Anwendung.

Das Gesetz vom 19. Juni 1901 bestimmt im § 1 Ziff. 2: „Nach Maßgabe dieses Gesetzes werden geschützt die Urheber von solchen Abbildungen wissenschaftlicher oder technischer Art, welche nicht ihrem Hauptzweck nach als Kunstwerke zu betrachten sind. Zu den Abbildungen gehören auch plastische Darstellungen."

Die Bestimmung des § 4 wird von den Motiven mit Rücksicht auf die Entstehung von Zweifeln empfohlen, welchem Rechte Abbildungen unterstehen, die zwar nicht selbst Kunstwerke seien, die sich aber als Entwürfe für Werke der bildenden Künste darstellen. Da nun die Entwürfe zu allen Werken der bildenden Künste, ferner die Entwürfe für kunstgewerbliche Erzeugnisse und für Bauwerke, welche einen künstlerischen Zweck verfolgen, soweit in ihnen eine künstlerische Gestaltung enthalten ist, nach § 2 Abs. 2 geschützt sind, so kann für diese die Bestimmung des Urheberrechtsgesetzes von 1901 nicht mehr in Betracht kommen, sondern lediglich der Schutz des Kunstschutzgesetzes. Alle Entwürfe von Werken der bildenden Kunst fallen also nur unter § 4. Im Einzelfalle ist nur festzustellen, ob in dem Entwurf sich eine individuelle Leistung verkörpert. Schnittmuster, Stadtpläne, Darstellungen des Eisenbahnnetzes, topographische Zeichnungen, geographische Wandkarten, Karten in Atlanten, Himmelskarten usw. fallen nicht unter den Kunstschutz, sondern unter das Urheberrechtsgesetz vom 19. Juni 1901, insofern sie dessen Anforderungen entsprechen, während andererseits Entwürfe für Spitzenmuster, für Möbel, für Beleuchtungsgegenstände, für Tafelschmuck usw. nach dem Kunstschutzgesetz geschützt werden.

§ 5.

Juristische Personen des öffentlichen Rechtes, die als Herausgeber ein Werk erscheinen lassen, das den Namen des Urhebers nicht angibt, werden, wenn nicht

ein anderes vereinbart ist, als Urheber des Werkes angesehen.

1. Leitender Gedanke.
2. Juristische Personen des öffentlichen Rechts.
3. Werke.
4. Herausgeber.
5. Name des Urhebers.
6. Die Tragweite der Fiktion.

1. Leitender Gedanke.

Nach § 3 des Urheberrechtsgesetzes vom 19. Juni 1901 wird bei einem Werke, das von einer juristischen Person des öffentlichen Rechts herausgegeben wird und bei welchem dessen Verfasser weder auf dem Titelblatt noch in der Zueignung noch in der Vorrede oder am Schlusse genannt ist, angenommen, daß die juristische Person Urheber des Werkes ist. Diese Bestimmung, welche in juristischem Sinne eine Fiktion enthält, ist entsprechend auf das Kunstschutzgesetz übertragen worden. Der maßgebliche Gedanke war für das Kunstschutzgesetz wie für das Urheberrecht, daß der Verfasser solcher Werke sein Urheberrecht auf die juristische Person des öffentlichen Rechts übertragen habe.

2. Juristische Personen des öffentlichen Rechts.

Als solche kommen in Betracht: der Staat, die Kirchen und Religionsgemeinschaften mit Körperschaftsrechten, die Gemeinden, Universitäten, Akademien, öffentliche Unterrichtsanstalten, Stiftungen, Handelskammern, Berufsgenossenschaften usw. Der Kreis der juristischen Personen des öffentlichen Rechts ist in den einzelnen Ländern ein verschiedener, maßgeblich dafür ist das bezügliche Verwaltungsrecht. Zu den juristischen Personen des öffentlichen Rechts stehen die juristischen Personen des Privatrechts im Gegensatze. Die vorstehende Bestimmung gilt also nicht für Aktiengesellschaften, Kommanditgesellschaften auf Aktien, Gesellschaften mit beschränkter Haftung usw. Öffentliche Anstalten, welche nicht die Rechte der juristischen Personen haben, stehen diesen nicht gleich.

3. Werke.

Als Werke kommen die in §§ 1 bis 4 sowie in § 6 des Gesetzes genannten in Betracht.

4. Herausgeber.

Als Herausgeber erscheint die juristische Person des öffentlichen Rechts nur dann, wenn das Werk von ihr veröffentlicht wird. Solange eine Veröffentlichung noch nicht stattgefunden hat, läßt sich von einem Erscheinen des Werks auch nicht sprechen. Es ist notwendig, daß die juristische Person in deutlicher, dem Verkehr entsprechender Weise als Herausgeber genannt wird. Werke, bei welchen dies nicht der Fall ist, müssen als anonyme betrachtet werden.

5. Name des Urhebers.

Die Fiktion wird dadurch entkräftet, daß der Name des Urhebers angegeben ist; es entspricht dem Zwecke des Gesetzes, daß die Angabe des Namens in deutlicher Weise erfolgt. Mit Recht wird von Osterrieth, S. 46, hervorgehoben, daß es nicht genügt, wenn an Stelle des Namens gewisse Zeichen angegeben werden, unter denen in engeren Kreisen der wirkliche Verfasser wohlbekannt ist. Dagegen ist es gleichgültig, ob der Name des Verfassers auf dem Titelblatt, dem Vorwort, unter dem Text oder sonstwie angegeben ist.

6. Die Tragweite der Fiktion.

Die Urheberschaft der juristischen Person des öffentlichen Rechts wird nicht vermutet, vielmehr werden die aus derselben entspringenden Befugnisse der juristischen Person nur eingeräumt. Die Frage, wer Urheber ist, kommt also bei diesen Werken gar nicht in Betracht. Durch die Tatsache, daß der Verfasser des Werkes mit der Herausgabe desselben seitens der juristischen Person einverstanden war, ist sein Urheberrecht durch Verzicht auf dasselbe zugunsten der juristischen Person erloschen. Die sämtlichen Rechte aus dem Urheberrecht stehen nunmehr lediglich dieser zu, der Verfasser kann sie Dritten gegenüber nicht mehr geltend machen.

Auch gegenüber der juristischen Person selbst hat er keine weitergehenden Rechte mehr wie jeder andere. Hat dagegen die juristische Person ohne Recht das Werk erscheinen lassen, so steht dem Verfasser das Recht zu, hiergegen mit den allgemeinen Rechtsbehelfen, Unterlassungsklage, Feststellungsklage, gegen sie vorzugehen.

§ 6.

Besteht ein Werk aus den getrennten Beiträgen mehrerer (Sammelwerk), so wird für das Werk als Ganzes der Herausgeber als Urheber angesehen. Ist ein solcher nicht genannt, so gilt der Verleger als Herausgeber.

I. Leitender Gedanke.
II. Begriff des Sammelwerks aus getrennten Beiträgen.
   1. Sammelwerk.
   2. Getrennte Beiträge.
III. Herausgeber.
IV. Verleger.

I. Leitender Gedanke.

Die Bestimmung deckt sich mit § 4 des Urheberrechtsgesetzes vom 19. Juni 1901. Es handelt sich hierbei um solche Werke, bei denen verschiedene einzelne Werke der bildenden Künste oder verschiedene einzelne Werke der Photographie zu einem Sammelwerk vereinigt worden sind.

II. Sammelwerk aus getrennten Beiträgen.

1. Sammelwerk.

Unter einem Sammelwerk wird ein Werk verstanden, bei welchem die einzelnen, an sich selbständigen Beiträge äußerlich miteinander zu einem auf einheitlichem Gedanken beruhenden Ganzen verbunden sind. Es ist nicht erforderlich, daß zwischen den einzelnen Teilen bezw. Beiträgen eine innere Einheitlichkeit besteht, andererseits ist es selbstverständlich, daß ein solches Werk nach gewissen leitenden Gesichtspunkten zusammengestellt werden muß. Ein Werk, welches die Renaissancegemälde der Münchener Pinakothek darstellt, oder ein Werk, welches die niederländischen Gemälde der Casseler Galerie wiedergibt, ist ein Sammelwerk. Nicht zu den Sammelwerken gehört ein Konservationslexikon.

2. Getrennte Beiträge.

Als Beiträge kommen in Betracht sowohl Werke der bildenden Künste als auch Werke der Photographie. Alles, was in dem Sammelwerk zu einem Ganzen vereinigt wird, muß den Charakter eines selbständigen Werkes haben. Das Gesetz verlangt nicht, daß die einzelnen Beiträge schutzfähig sind, die Selbständigkeit darf daher nicht in dem Sinne verstanden werden, als ob ein Sammelwerk nur dann vorhanden sei, wenn die einzelnen Werke originelle künstlerische Schöpfungen sind, vielmehr besteht das Urheberrecht an dem Sammelwerk als Ganzem auch dann, wenn für die einzelnen Teile ein solches nicht besteht. Die einzelnen Teile können sowohl demselben Gebiet (hohe Kunst, Kunstgewerbe, Photographie) als auch verschiedenen Gebieten angehören. Ein Sammelwerk kann daher Darstellungen der hohen Kunst und der kunstgewerblichen Erzeugnisse mit denen der Photographie enthalten.

III. Herausgeber.

Unter dem Herausgeber wird derjenige verstanden, welcher die für die Herstellung des Sammelwerks erforderliche geistige Tätigkeit entfaltet hat. Das ihm zustehende Urheberrecht erstreckt sich nur auf das Ganze, nicht auf die einzelnen Teile, an welchen vielmehr das Urheberrecht den Verfassern gewahrt bleibt, sofern es sich um schutzfähige Arbeiten handelt und nicht eine Übertragung desselben auf den Herausgeber stattgefunden hat; das Urheberrecht des Herausgebers wird nicht erst durch die Vervielfältigung des Sammelwerks als Ganzes verletzt, sondern auch unter Umständen schon durch die Vervielfältigung eines Teils. Jedoch begründet die Vervielfältigung eines Teils eine Verletzung des Urheberrechts des Herausgebers nur dann, wenn diese Verletzung einen Eingriff in die geistige Tätigkeit bedeutet, welche für die Herstellung des Sammelwerks erforderlich ist (RGSt. 30, 292). Diese geistige Tätigkeit des Herausgebers verkörpert sich insbesondere in der Prüfung und Wahl der einzelnen Beiträge. Ob ein Beitrag in ein Sammelwerk über die Kunst der Renaissance in Frankreich aufgenommen werden soll oder nicht, erfordert in vielen Fällen eine sehr eingehende Prüfung und ein nicht geringes Maß von Kenntnis der kunstgeschichtlichen Entwicklung und von geistiger Tätigkeit. Wer aus einem solchen Werk beispielsweise die aufgenommenen Abbildungen über die Renaissance in den Städten der Provence vervielfältigt, verletzt das Urheberrecht des Herausgebers an dem Ganzen.

IV. Verleger.

Der Begriff des Verlegers ist derselbe wie in dem Gesetz vom 19. Juni 1901 über das Verlagsrecht. Verleger ist derjenige, welchem das Recht der Vervielfältigung und Verbreitung auf eigene Rechnung infolge Übertragung durch den Träger des Urheberrechts zusteht. In diesem Sinne bestimmt auch § 1 des Verlagsgesetzes:

„Durch den Verlagsvertrag über ein Werk der Literatur oder der Tonkunst wird der Verfasser verpflichtet, dem Verleger das Werk zur Vervielfältigung und Verbreitung für eigene Rechnung zu überlassen. Der Verleger ist verpflichtet, das Werk zu vervielfältigen und zu verbreiten."

Im Gegensatz zu dem Verlagsrecht an Werken der Literatur und Tonkunst ist das Verlagsrecht an Werken der bildenden Künste und kunstgewerblichen Erzeugnisse gesetzlich nicht geregelt. Zwischen dem Verlagsvertrag an künstlerischen Werken und kunstgewerblichen Erzeugnissen wird in der Praxis und Rechtsübung unterschieden. Bei den ersteren kommen die Bestimmungen des Verlagsrechts ohne weiteres zur Anwendung, bei den letzteren kann es sich nur um eine analoge Anwendung handeln (vgl. die Ausführungen zu § 10). Der Verleger kann, wenn der Herausgeber nicht genannt ist, alle diejenigen Rechte beanspruchen und ausüben, welche diesem an sich zustehen, insbesondere richtet sich auch die Dauer der Schutzfrist nach dem Leben des Verlegers und, falls der Verleger eine juristische Persönlichkeit ist, nach der Bestimmung des § 25 Abs. 2. Regelmäßig ist der Verleger genannt, jedoch ist die Nennung des Namens bezw. der Firma keine unbedingte Voraussetzung für die Anwendung der Bestimmung; es steht nichts im Wege, den Verleger durch die im Prozeß zulässigen Beweismittel festzustellen, auch wenn er mit seinem Namen nicht genannt ist.

§ 7.

Wird ein Werk der bildenden Künste mit einem Werke der Photographie verbunden, so gilt für jedes dieser Werke dessen Urheber auch nach der Verbindung als Urheber. Das gleiche gilt, wenn ein Werk der bildenden Künste oder ein Werk der Photographie mit einem Werke der Literatur oder der Tonkunst oder mit einem geschützten Muster verbunden wird.

I. Die Verbindung von Werken verschiedener Art.
II. Arten der Verbindung.
   1. Verbindung von Werken der bildenden Künste und der Photographie.
   2. Verbindung mit Werken der Literatur und Tonkunst.

I. Die Verbindung von Werken verschiedener Art.

In Anlehnung an § 5 des Gesetzes vom 19. Juni 1901 behandelt der vorstehende Paragraph die Urheberrechtsverhältnisse bei verbundenen Werken; wenn ein Werk der bildenden Künste mit einem Werk der Photographie oder mit einem literarischen oder musikalischen Werk verbunden wird oder auch mit einem

Muster, so entsteht nicht ein einheitliches Werk, sondern nur eine äußerliche Verbindung, bei welcher die Selbständigkeit jedes der verbundenen Werke aufrechterhalten bleibt. Unter diesem Gesichtspunkt ist die Regelung dahin getroffen worden, daß das Urheberrecht auch nach der Verbindung demjenigen für jedes der verbundenen Werke zusteht, welcher Urheber ist. Ein gemeinschaftliches Urheberrecht entsteht nicht. Daraus ergibt sich, daß an einem durch solche Verbindung entstandenen Werk ein zeitlich verschiedenes Urheberrecht bestehen kann, der Schutz des Werks der bildenden Kunst kann früher zu Ende gehen wie der Schutz des Werks der Tonkunst bezw. der Literatur und umgekehrt.

II. Arten der Verbindung.

1. Verbindung von Werken der bildenden Künste und der Photographie.

Wird ein Werk der bildenden Künste mit einem Werk der Photographie verbunden, so ist es ebenso gleichgültig für die Frage des Schutzrechts, welches Werk der Hauptteil bezw. der untergeordnete Teil ist, wie wenn ein solches Werk mit einem Muster verbunden wird. Der Natur der Sache entspricht es, daß die Verbindung nur in der Weise geschehen kann, daß das eine Werk mit dem anderen zusammen in einem Rahmen vereinigt oder auf dem anderen als Schmuck angebracht wird, z. B. auf einem Büfett wird in Medaillonform ein Bild, oder die Photographie von Früchten wird auf einer Schale angebracht.

2. Verbindung mit Werken der Literatur bezw. Tonkunst.

Die Verbindung eines literarischen oder musikalischen Werks mit einem Werk der bildenden Kunst geschieht in der Weise, daß letzteres den Text bezw. die Komposition illustriert, oder daß der Text den Inhalt des Bildes beschreibt, oder daß der Text die in der Komposition enthaltenen Empfindungen beschreibt. Es ist auch hier gleichgültig, ob das Werk der bildenden Künste oder der Photographie im Verhältnis zu dem literarischen oder dem musikalischen Werk der Hauptteil oder der untergeordnete Teil ist. Hierdurch ist es allerdings möglich, daß bei einem Werk, welches die bedeutendsten Bilder einer Gemäldegalerie in künstlerischen Photographien mit textlichen Erläuterungen darstellt, die letzteren noch lange nach dem Erlöschen des Urheberrechts an den Photographien geschützt sind, weil in diesem Fall auf die Photographien § 1 des Gesetzes vom 19. Juni 1901 nicht anwendbar ist. Irgendwelche Nachteile sind aus dieser Regelung nicht entstanden, welche der Selbständigkeit der einzelnen Teile und damit auch dem an jedem Teil selbständig bestehenden Urheberrecht Rechnung trägt. Die Bestimmung wird in der Praxis nicht selten durch Übertragung des Urheberrechts des einen Urhebers auf den anderen außer Kraft gesetzt. Derartige Vereinbarungen sind natürlich zulässig, da es sich um nachgiebiges Recht handelt.

§ 8.

Haben bei einem Werke mehrere in der Weise zusammengewirkt, daß ihre Arbeiten sich nicht trennen lassen, so besteht unter ihnen als Urhebern eine Gemeinschaft nach Bruchteilen im Sinne des Bürgerlichen Gesetzbuchs.

I. Leitender Gedanke.

II. Die Voraussetzungen der Miturheberschaft.
   1. Das untrennbare Werk.
   2. Das Zusammenwirken mehrerer.

III. Die Urhebergemeinschaft nach Bruchteilen.
   1. Das Verfügungsrecht jedes Miturhebers.
   2. Die Verwaltung.
   3. Die Aufhebung.

I. Leitender Gedanke.

Im Anschluß an § 6 des literarischen Urheberschutzgesetzes werden im vorstehenden Paragraphen die Rechtsverhältnisse geregelt, welche dadurch entstehen, daß durch das Zusammenwirken mehrerer Personen, deren Arbeiten sich nicht voneinander trennen lassen, ein einheitliches Werk entsteht. Es kommen hier nur solche Werke in Betracht, bei denen einmal die Miturheberschaft, Collaboration im Sinne des französischen Rechts, vorhanden ist, ferner aber bei welchen die Beiträge sich nicht voneinander trennen lassen. Kohler spricht in diesem Falle von einem Gemeinsamkeitsrecht (Kunstwerkrecht S. 90 ff.). Die Tätigkeit der verschiedenen Urheber des Werks kann auf gleicher Stufe stehen, sie kann aber auch verschiedenen Ranges und verschiedener Qualität sein. Der Umstand, daß die Individualität des einen Miturhebers in höherem Maße hervortritt wie die des anderen, steht der Anwendung des § 8 nicht entgegen, sofern nur ein einheitliches Werk vorhanden ist, d. h. ein Kunstprodukt, das auf einer einheitlichen Anschauung beruht; der eine Teil des Werks ist von dem anderen innerlich abhängig. Die Abhängigkeit kann auf ästhetischen oder künstlerischen oder auch literarischen Motiven beruhen.

II. Die Voraussetzungen der Miturheberschaft.

1. Das untrennbare Werk.

Das Gesetz verlangt, daß das Werk ein einheitliches ist, daß also der eine Teil sich von dem anderen nicht trennen läßt, ohne daß die Existenz des Werkes selbst in Frage gestellt wird, z. B. wenn eine Bildsäule hergestellt wird und der eine Künstler den Oberkörper, der andere den Unterkörper bearbeitet.

2. Das Zusammenwirken mehrerer.

Jede der Personen, auf deren Arbeit das einheitliche Werk beruht, muß eine formgestaltende Tätigkeit ausüben; die Verrichtung untergeordneter, mehr mechanischer Tätigkeiten, mag sie auch noch so notwendig sein, um das Ganze herzustellen, reicht für die Annahme der Miturheberschaft nicht aus. Der Gehilfe ist nicht Miturheber, auch dann nicht, wenn seine Tätigkeit an sich eine formgestaltende ist, weil seine Dienstleistung vollständig der gestaltenden Tätigkeit des Meisters untergeordnet bleibt.

III. Die Urhebergemeinschaft nach Bruchteilen.

1. Verfügungsrecht jedes Miturhebers.

Die Gemeinschaft nach Bruchteilen ist in §§ 741 bis 758 BGB. geregelt. Nach § 741 finden die Vorschriften der §§ 742 bis 758 Anwendung, falls ein Recht mehreren gemeinschaftlich zusteht, sofern sich aus dem Gesetz ein anderes nicht ergibt. Miturhebern stehen im Zweifel gleiche Anteile zu (§ 742 BGB.). Diese Auslegungsregel wird nur dann beseitigt, wenn eine andere Vereinbarung vorliegt. Jedem Miturheber gebührt ein seinem Anteil entsprechender Bruchteil der Erträgnisse des Urheberrechts. Die Verwaltung des Rechts an dem Gesamtwerk steht den Miturhebern gemeinschaftlich zu, jeder Miturheber ist berechtigt, die zur Erhaltung des Miturheberrechts notwendigen Maßregeln ohne Zustimmung der anderen Miturheber zu treffen. Er kann verlangen, daß diese ihre Einwilligung zu einer solchen Maßregel im voraus erteilen. Auf Grund dieser Bestimmung kann jeder Miturheber, insbesondere gegenüber dem Eingriff in das Urheberrecht, eine einstweilige Verfügung beantragen, Unterlassungsklage erheben, Strafantrag stellen. Mittels Stimmenmehrheit kann eine der Beschaffenheit des gemeinschaftlichen Gegenstandes entsprechende ordnungsmäßige Verwaltung und Benutzung beschlossen werden. Eine wesentliche Veränderung des gemeinsamen Rechts kann durch Stimmenmehrheit nicht beschlossen werden, auch das Recht jedes einzelnen Miturhebers auf einen seinem Anteil entsprechenden Bruchteil der Erträgnisse des Werkes kann ohne seine Zustimmung nicht beeinträchtigt werden. Es handelt sich hierbei um ein Sonderrecht jedes Miturhebers. Zu der Verwaltung eines Werkes im Sinne des § 8 gehören insbesondere Vereinbarungen mit dem Verleger, die Feststellung des Honorars, der Veröffentlichung, der öffentlichen Schaustellung usw. Über seinen Anteil kann jeder Miturheber verfügen. Dagegen ist eine Verfügung über das Urheberrecht im ganzen nur durch die sämtlichen Miturheber zulässig. Jeder Miturheber ist gegenüber den anderen verpflichtet, die Lasten der Verwaltung des Werks, die Kosten der Erhaltung im Verhältnis zu seinem Anteil zu tragen, also insbesondere auch entsprechend diesem Anteil die Kosten der Rechtsverfolgung, welche zur Wahrung des Urheberrechts erforderlich sind.

3. Die Aufhebung.

Die Aufhebung der Gemeinschaft kann jeder Miturheber jederzeit verlangen; allerdings ist eine Vereinbarung, durch welche das Recht, die Aufhebung zu verlangen, sei es für immer, sei es für bestimmte Zeit, ausgeschlossen wird, zulässig, aber auch in diesem Falle kann aus einem wichtigen Grund die Aufhebung gleichwohl gefordert werden. Die Ausschließung des Rechtes der Aufhebung aus einem wichtigen Grund ist ebenso wie die Beschränkung dieses Rechts nichtig. Das gleiche gilt, wenn die Aufhebung der Gemeinschaft nur unter Einhaltung einer Kündigungsfrist zulässig ist. Die Aufhebung der Gemeinschaft kann bei Werken der Kunst wie auch bei Erzeugnissen des Kunstgewerbes insbesondere auch in der Weise erfolgen, daß eine Verteilung der verschiedenen Befugnisse vorgenommen wird, welche sich aus dem Urheberrecht ergeben. Beispielsweise erhält der eine Miturheber das Recht der Vorführung und Schaustellung, der andere das der Vervielfältigung, oder es können die einzelnen Befugnisse unter die einzelnen Miturheber für verschiedene geographische Gebiete verteilt werden. Abgesehen hiervon erfolgt die Aufhebung der Gemeinschaft durch Verkauf des gemeinschaftlichen Urheberrechts nach den Vorschriften über den Pfandverkauf bei Grundstücken, also insbesondere bei Bauwerken durch Zwangsversteigerung und durch Teilung des Erlöses. Für die Zwangsversteigerung zum Zwecke der Aufhebung ist ein vollstreckbarer Titel nicht erforderlich. Das Recht der Miturheber, eine andere Verwertung als nach Maßgabe der Vorschriften über den Pfandverkauf durch Vereinbarung festzustellen, unterliegt keinem Zweifel.

§ 9.

Ist auf einem Werke der Name eines Urhebers angegeben oder durch kenntliche Zeichen ausgedrückt, so wird vermutet, daß dieser der Urheber des Werkes sei.

Bei Werken, die unter einem anderen als dem wahren Namen des Urhebers oder ohne den Namen eines Urhebers erschienen sind, ist der Herausgeber, falls aber ein solcher nicht angegeben ist, der Verleger berechtigt, die Rechte des Urhebers wahrzunehmen.

I. Leitender Gedanke.

Nach dem Vorbilde des literarischen Urheberrechtsgesetzes wird in dem vorstehenden Paragraphen eine Rechtsvermutung für das Urheberrecht aufgestellt, welche für den praktischen Verkehr von großer Bedeutung ist. Ohne dieselbe wäre der Nachweis der Urheberschaft in vielen Fällen nur schwer zu führen.

Es gilt die Vermutung, daß Urheber nur derjenige ist, dessen Name oder dessen kenntliches Zeichen angegeben ist, und außerdem wird für die Geltendmachung der Rechte bei Werken, welche ohne Angabe des Namens bezw. des kenntlichen Zeichens veröffentlicht werden, eine Regelung für die Geltendmachung der Rechte getroffen

II. Inhalt der Rechtsvermutung.

1. Name des Urhebers.

Die Angabe des Namens des Urhebers auf dem Werke begründet zugunsten desselben die Rechtsvermutung der Urheberschaft, er kann daher alle aus der Urheberschaft fließenden Rechte geltend machen, ohne irgendeinen Beweis für seine Urheberschaft zu erbringen. Wer die Richtigkeit der Rechtsvermutung bestreitet, ist hierfür beweispflichtig. Die Rechtsvermutung bezieht sich nicht nur auf die bereits erschienenen Werke, sondern auch auf die noch erscheinenden Werke, daher auch beispielsweise auf Entwürfe zu Gemälden, plastischen Werken, kunstgewerblichen Erzeugnissen, welche den Voraussetzungen des Gesetzes genügen. Unter dem Namen wird lediglich der wahre Name verstanden, also der Familienname des Urhebers. Nach § 1616 BGB. ist der Name des ehelichen Kindes der Name des Vaters, nach § 1706 BGB. der Name des unehelichen Kindes der der Mutter, nach § 1758 BGB. der Name des angenommenen Kindes derjenige des Annehmenden. Die Ehefrau trägt nach § 1355 BGB. den Namen des Mannes. Es genügt die Angabe des Familiennamens; die Angabe des Vornamens ist nicht erforderlich. Die Annahme des Künstlernamens begründet die Vermutung ebensowenig wie die Annahme des Schriftstellernamens, auch dann nicht, wenn unter demselben der betreffende Künstler bekannt ist. Dies ist auch dann festzuhalten, wenn man die Auffassung vertritt, daß unter dem Namen im Sinne des § 12 BGB. auch der Künstlername zu verstehen ist. An welcher Stelle des Werkes der Name angebracht ist, ist gleichgültig, notwendig ist aber, daß er auf dem Werke selbst angebracht ist, also beispielsweise unter dem Gemälde, auf dem Sockel einer Bildsäule, auf dem Karton, auf welchem die Photographie aufgeklebt ist usw.

2. Angabe kenntlicher Zeichen.

Das Gesetz stellt der Angabe des Namens die Angabe des kenntlichen Zeichens, des sogenannten Signet, gleich. Als kenntliches Zeichen gilt nur ein Zeichen, das nach der Kenntnis der Fachkreise auf einen bestimmten Urheber hinweist. Ein Monogramm kann ebensowohl ein kenntliches Zeichen sein wie ein bildliches Zeichen, z. B. die Abbildung einer Sphinx. Notwendig ist, daß das Zeichen auch einen distinktiven Charakter hat, d. h. daß es sich deutlich von anderen Zeichen unterscheidet. Bezüglich des künstlerischen Signets gilt wie in Ansehung der besonderen Geschäftsbezeichnung nach § 16 UWG. das Prioritätsrecht des ersten Besitzers, die Rechtsvermutung greift zugunsten dieses Platz.

Auch für die Angabe des kenntlichen Zeichens auf dem Werke ist ein bestimmter Platz nicht vorgeschrieben

III. Pseudonyme und anonyme Werke.

1. Pseudonyme Werke.

Unter pseudonymen Werken sind solche zu verstehen, welche nicht unter dem wahren Namen des Verfassers erscheinen, gleichviel ob sie unter einem erfundenen Namen oder unter dem veränderten wahren Namen erscheinen, die kryptonymen stehen den pseudonymen insoweit gleich. Im Gegensatz zu dem Literaturschutzgesetz hat im Kunstschutzrecht die Angabe des kenntlichen Zeichens stets die Wirkung, daß ein anonymes Werk nicht vorhanden ist.

2. Anonyme Werke.

Anonyme Werke sind solche, die keinen Namen des Urhebers und kein Signet tragen, also auch keinen freierfundenen oder geänderten Namen.

3. Das Recht des Herausgebers.

Sowohl bei pseudonymen als auch bei anonymen Werken ist der Herausgeber, wenn er angegeben ist, berechtigt, die Rechte des Urhebers wahrzunehmen. Es ist zu beachten, daß das Gesetz nicht verlangt, daß der Herausgeber auf dem Werke selbst angegeben sein muß. Es genügt, daß er überhaupt angegeben ist, also beispielsweise auch auf einem losen, dem Werke beigefügten Blatte oder in einer sonstigen in dem Verkehr üblichen Weise. Der Begriff des Herausgebers ist der gleiche wie in § 5. Der Herausgeber ist zur Geltendmachung des Urheberrechtes nur dann berechtigt, wenn er mit seinem bürgerlichen Namen bezw. seiner Firma genannt ist. Die Angabe des kenntlichen Zeichens würde also für die Geltendmachung der Rechte des Herausgebers nicht genügen. Übrigens ist dieselbe im Verkehr in Deutschland jedenfalls nicht bekannt Bezüglich der Stellung des Herausgebers bei pseudonymen und anonymen Werken zu dem wirklichen Urheber kann ein Zweifel nicht bestehen, der Herausgeber fungiert als Treuhänder. Daraus ergibt sich, daß die Befugnis des Herausgebers zur Geltendmachung der Rechte aus dem Urheberrecht mit dem Augenblick aufhört, mit welchem das pseudonyme oder anonyme Werk diesen seinen Charakter verliert, also dann, wenn der Urheber mit seinem Namen hervortritt. Das Recht des Herausgebers bezieht sich nicht auf die Verfügung über das Urheberrecht als solches, es sei denn, daß in dieser Hinsicht besondere Vereinbarungen zwischen ihm und dem Urheber bestehen, welche ihn hierzu berechtigen.

Auch der Herausgeber, welcher in einer dem Verkehr entsprechenden Weise mit seinem Namen oder seiner Firma genannt ist, braucht einen weiteren Beweis dafür, daß er Herausgeber ist, nicht zu erbringen.

4. Das Recht des Verlegers.

Mit dem Begriff Verleger verbindet das Kunstschutzgesetz die gleiche Bedeutung wie das Verlagsgesetz vom 19. Juni 1901. Hiernach ist Verleger derjenige, welcher die Vervielfältigung und Verbreitung auf eigene Rechnung oder auf Rechnung des Verfassers für denselben besorgt. Der Verleger muß ebenso wie der Herausgeber mit seinem bürgerlichen Namen oder seiner Firma angegeben werden, eine Angabe a u f dem Werke ist auch bezüglich seiner nicht erforderlich. Die Angabe muß aber in der dem Verkehr entsprechenden Weise geschehen. Verlagstechnisch und verlagsrechtlich wird bezüglich der Werke der bildenden Künste unterschieden zwischen

a) den Gegenständen des eigentlichen Kunstverlags (Kunstblättern),

b) Bildwerken zu Büchern,
c) Bildwerken zu Zeitschriften und Zeitungen
(vgl. Voigtländer-Fuchs, Urheberrecht und Verlagsrecht, 2. Aufl. S. 242).

IV. Internationaler Verkehr.

Für den internationalen Verkehr kommt Art. 15 der Berner Übereinkunft zum Schutze von Werken der Literatur und Kunst in Betracht. Hiernach genügt, damit die Urheber bis zu dem Beweis des Gegenteils als solche angesehen und von den Gerichten der Verbandsländer zur Verfolgung unerlaubter Wiedergaben zugelassen werden, daß ihr Name in der üblichen Weise auf den Werken angegeben ist; bei anonymen oder pseudonymen Werken ist der Verleger, dessen Name auf dem Werke angegeben ist, zur Wahrnehmung der dem Urheber zustehenden Rechte befugt. Er gilt ohne weiteren Beweis als Rechtsnachfolger des anonymen oder pseudonymen Urhebers. Die Rechtslage nach der Berner Konvention stimmt hiernach mit der nach § 9 des Gesetzes bestehenden überein. Jedoch muß in dem Verkehr mit den Ländern, welche die Konvention unterzeichnet haben, der Verleger, dessen Name nicht auf dem anonymen oder pseudonymen Werk selbst angegeben ist, seine Legitimation zur Geltendmachung der Rechte nachweisen. Eine Bedingung des Schutzes ist also die Angabe des Namens des Verlegers auf dem Werke selbst auch nach der Berner Konvention nicht; die gegenteilige Ansicht, die früher nicht unvertreten war, kann als aufgegeben betrachtet werden.

§ 10.

Das Recht des Urhebers geht auf die Erben über. Ist der Fiskus oder eine andere juristische Person gesetzlicher Erbe, so erlischt das Recht, soweit es dem Erblasser zusteht, mit dessen Tode.

Das Recht kann beschränkt oder unbeschränkt auf andere übertragen werden; die Übertragung kann

auch mit der Begrenzung auf ein bestimmtes Gebiet geschehen.

Die Überlassung des Eigentums an einem Werke schließt, soweit nicht ein anderes vereinbart ist, die Übertragung des Rechtes des Urhebers nicht in sich.

I. Vererblichkeit des Urheberrechts.
   1. Das Erbrecht des Fiskus.
   2. Das Erbrecht einer anderen juristischen Person.

II. Übertragbarkeit des Urheberrechts.
   1. Unbeschränkte Übertragung.
   2. Beschränkte Übertragung:
      a) Zeitlich beschränkte.
      b) Räumlich beschränkte.
      c) Inhaltlich beschränkte.

III. Eigentumsüberlassung an dem Werke.

I. Vererblichkeit des Urheberrechts.

Wie das Urheberrecht an Werken der Literatur und der Tonkunst, so ist auch das Urheberrecht an Werken der bildenden Kunst, der Photographie und der kunstgewerblichen Erzeugnisse vererblich. Das Urheberrecht geht auf die Erben nicht nur der Substanz nach, sondern auch der Nutzung nach über, die Erben üben dasselbe ohne jede Beschränkung aus wie der Urheber selbst, soweit nicht dieser bei seinen Lebzeiten durch Vertrag darüber verfügt hat. Das Recht der Erben richtet sich nach den Vorschriften des BGB. Auch der überlebende Gatte erbt das Urheberrecht nur insoweit, als er entweder Testamentserbe oder gesetzlicher Erbe bezw. Pflichtteilserbe ist. Im Gegensatze zu dem französischen Recht kennt das deutsche Urheberrecht ein besonderes Erbrecht des überlebenden Ehegatten nicht.

1. Das Erbrecht des Fiskus.

Bezüglich des Erbrechts des Fiskus bestimmt § 1936 BGB.: „Ist zur Zeit des Erbfalles weder ein Verwandter noch ein Ehegatte des Erblassers vorhanden, so ist der Fiskus des Bundesstaates, dem der Erblasser zur Zeit des Todes angehört hat, gesetzlicher Erbe. Hat der Erblasser mehreren Bundesstaaten angehört, so ist der Fiskus eines jeden dieser Staaten zu gleichem Anteil zur Erbfolge berufen. War der Erblasser ein Deutscher, der keinem Bundesstaate angehörte, so ist der Reichsfiskus gesetzlicher Erbe."

Der Fiskus ist wahrer Erbe im privatrechtlichen Sinne. Er kann als Erbe nicht ausgeschlossen werden (§ 1938 BGB.) und darf als gesetzlicher Erbe die Erbschaft auch nicht ausschlagen (§ 1942 BGB.). Er kann auch auf das Erbrecht nicht verzichten (§ 2346 BGB. und Komm. der Reichsgerichtsräte Anm. 3 zu § 1936). Die Bestimmung, daß im Falle der Fiskus oder eine juristische Person Erbe des Urhebers ist, das Urheberrecht gleichwohl mit dem Tode des Erblassers erlischt, enthält eine Einschränkung des Erbrechtes des Fiskus bezw. der juristischen Person in materieller Hinsicht. Ein Heimfallrecht des Fiskus ist dem Gesetze nicht bekannt. Das Werk wird also gemeinfrei, wenn zur Zeit des Erbfalles weder ein Verwandter noch ein Ehegatte des Erblassers vorhanden ist und derselbe auch nicht eine letztwillige Verfügung über das Werk hinterlassen, auch nicht zu Lebzeiten darüber verfügt hat.

2. Das Erbrecht einer anderen juristischen Person.

Nach § 138 EG. BGB. bleiben die landesgesetzlichen Vorschriften, nach welchen im Falle des § 1936 an Stelle des Fiskus eine Körperschaft, Stiftung oder Anstalt des öffentlichen Rechts gesetzlicher Erbe wird, unberührt. Ebenso nach Art. 139 die landesgesetzlichen Vorschriften, nach welchen dem Fiskus oder einer anderen juristischen Person in Ansehung des Nachlasses einer verpflegten oder unterstützten Person ein Erbrecht, ein Pflichtteilanspruch oder ein Recht auf bestimmte Sachen zusteht. Die praktische Bedeutung dieser aus dem Rechte der Länder sich ergebenden Erbrechte gewisser juristischen Personen des öffentlichen Rechts ist, insoweit es sich um das Urheberrecht an Werken der Kunst, der Photographie oder kunstgewerblichen Erzeugnisse handelt, eine unbedeutende.

Falls der Urheber sein Urheberrecht ohne Beschränkung an einen Dritten übertragen hat und dieser ohne Hinterlassung von Verwandten oder Ehegatten stirbt, würde das Urheberrecht erlöschen, obwohl der Urheber noch lebt. Mit Recht wird von Osterrieth, Kunstschutzgesetz S. 69, angenommen, daß das Urheberrecht in diesem Falle an den Urheber wieder zurückfällt. Osterrieth leitet dieses Ergebnis aus der Urheberpersönlichkeit ab; die gleiche Ansicht wird von Voigtländer-Fuchs, Literatur-Urheberrechtsgesetz S. 77 Anm. 3, vertreten. Es kann dahingestellt bleiben, ob der Schutz der Urheberpersönlichkeit dieses Ergebnis allein stützt. Der Gesetzgeber hat jedenfalls nicht an diesen Fall gedacht, sondern ist davon ausgegangen, daß das Urheberrecht nur dann erlöschen soll, wenn diejenige Persönlichkeit, bei welcher es entstanden ist, gleichzeitig der Erbe ist.

Eine Ausnahme von der Bestimmung des Abs. 3 besteht im Falle der Nacherbeinsetzung, im Falle eines Vermächtnisses und endlich bei einer bei dem Erblasser bereits bestandenen Verpflichtung zur Übertragung (vgl. Kohler, Kunstwerkrecht, S. 89/90).

II. Übertragbarkeit des Urheberrechts.

Das Urheberrecht an Werken der bildenden Kunst kann ebenso wie das Urheberrecht an literarischen Werken und an Werken der Tonkunst sowohl beschränkt als auch unbeschränkt übertragen werden. Die Übertragung kann entweder auf einem gegenseitigen Vertrag oder auf Schenkung unter Lebenden oder auf letztwilliger Verfügung beruhen.

Bei der Übertragung auf Grund eines Vertrags kommen Kauf- und Tauschverträge in erster Linie in Betracht. Eine bestimmte Form für die Übertragung ist nicht vorgeschrieben, dieselbe kann schriftlich oder mündlich geschehen. Auch die Übertragung durch schlüssige Handlungen ist nicht ausgeschlossen, kommt aber tatsächlich nur selten vor. Nicht nur bereits bestehende, sondern auch künftige Urheberrechte können Gegenstand der Übertragung sein. Ob eine Vereinbarung, durch welche der Urheber sich ver pflichtet, das Urheberrecht an allen seinen künftigen Werken abzutreten, rechtswirksam ist oder nicht, hängt von den Umständen des Einzelfalles ab. Die Rechtsprechung steht auf dem Standpunkt, daß derartige Vereinbarungen nicht unzulässig sind, sofern die wirtschaftliche und persönliche Freiheit hierdurch nicht in unzulässiger Weise eingeschränkt wird. Ebenso Osterrieth S. 70. Die Grundsätze, welche in der Rechtsprechung bezüglich der Verpflichtung zur Übertragung des Urheberrechts an künftigen literarischen oder musikalischen Werken anerkannt sind, kommen hier zur entsprechenden Anwendung (RGZ. 79, 156 ff., Warneyer 17, 403). In Österreich steht die Gesetzgebung auf einem anderen Standpunkt. Nach dem österreichischen Urheberrechtsgesetz vom 26. Dez. 1895 kann ein Vertrag, durch welchen jemand die Urheberrechte an seinen künftigen Werken überhaupt oder einer ganzen Gattung zu übertragen sich verpflichtet, jederzeit gekündigt werden. Das Kündigungsrecht ist unverzichtbar und steht beiden Teilen zu. Die Kündigungsfrist beträgt ein Jahr, sofern nicht eine kürzere Frist vereinbart gewesen ist. Aus dem Umstand, daß die deutsche Gesetzgebung dieser bei Erlaß des Kunstschutzgesetzes bereits bestehenden Regelung nicht gefolgt ist, zieht das RG. mit Recht den Schluß, daß die Gültigkeit solcher Vereinbarungen an sich nicht bestritten und nur unter der Voraussetzung der Verletzung der guten Sitten beanstandet werden könne Eine solche Verletzung würde allerdings anzunehmen sein, wenn die freie Schaffenstätigkeit des Künstlers durch die Vereinbarung beeinträchtigt oder wirtschaftlich von dem Gegenkontrahenten abhängig gemacht wird.

1. Unbeschränkte Übertragung.

Bei der unbeschränkten Übertragung gehen sämtliche Rechte des Urhebers mit Ausnahme der sich aus dem Persönlichkeitsrecht ergebenden auf den anderen Teil über. Die Persönlichkeitsrechte, die in Betracht kommen, sind diejenigen Rechte, welche in §§ 12, 14 und 21 normiert sind. Auch wenn der Künstler das Urheberrecht ohne jede Einschränkung übertragen hat, kann er gleichwohl, und zwar nur er, gegen die Änderung seines Werkes seitens des Erwerbers vorgehen. Das sogenannte Recht auf Integrität des Werkes steht ihm allein zu.

Durch die unbeschränkte Übertragung wird selbstverständlich eine Verlängerung der Schutzfrist nicht bewirkt. Für die Dauer ist gleichwohl lediglich das Leben des Urhebers maßgeblich.

2. Beschränkte Übertragung.

a) Zeitlich beschränkte. Bei der zeitlich beschränkten Übertragung wird eine Frist festgesetzt, nach deren Ablauf das Urheberrecht wieder auf den Urheber zurückgeht. Die bei Ablauf der Frist etwa noch nicht verkauften Exemplare dürfen nicht mehr verwertet werden, auch dann nicht, wenn die Herstellung derselben nicht erst unmittelbar vor Ablauf der Frist geschah.

b) Räumlich beschränkte. Die räumliche Beschränkung kommt darin zum Ausdruck, daß das Urheberrecht nur für gewisse größere oder kleinere Gebiete übertragen wird. Es kommen hier die Fälle des sogenannten geteilten Verlagsrechts vor allem in Betracht.

c) Inhaltlich beschränkte. Die Übertragung des Urheberrechts eines Kunstwerks kann insbesondere in der Weise erfolgen, daß die Vervielfältigung nur für ein bestimmtes Kunstverfahren erlaubt wird. Eine beschränkte Übertragung ist ferner darin zu erblicken, daß der Urheber einem anderen eine Lizenz für bestimmte Reproduktionen gibt, während im übrigen die aus dem Urheberrecht sich ergebenden Befugnisse bei ihm verbleiben. Auch die Einräumung der Reproduktion in einer bestimmten Zeitschrift oder einem bestimmten Werk fällt unter die beschränkte Übertragung.

Die in dem Abschluß eines Verlagsvertrags liegende Übertragung gehört stets zu der Klasse der beschränkten Übertragung, weil die aus dem Persönlichkeitsrecht sich ergebenden Befugnisse dem Urheber unter allen Umständen verbleiben.

III. Eigentumsüberlassung an dem Werk.

Entsprechend der Rechtsentwicklung in fast allen Staaten bestimmt das Gesetz, daß die Veräußerung des Werkes die Übertragung des Urheberrechts nicht mit sich bringt, sofern nicht das Gegenteil vereinbart ist. Auch dann greift diese Bestimmung Platz, wenn der Künstler auf einem fremden Grundstück ein Freskobild schafft oder eine Bildsäule errichtet oder einen Monumentalbau (Kohler S. 86/87).

Die Vereinbarung, durch welche das Gegenteil bestimmt wird, braucht keine ausdrückliche zu sein, sie kann vielmehr auch aus schlüssigen Umständen abgeleitet werden, wobei die Verkehrsübungen eine gewisse Bedeutung haben; wenn ein Preisausschreiben dahin lautet, daß der Einreicher des Bildnisses gegen Zahlung des ausgesetzten Preises demjenigen, welcher das Preisausschreiben veranlaßt hat, das Urheberrecht zu übertragen habe, so ist das Einreichen eines Modells als Übertragung des Urheberrechtes anzusehen (Kohler S. 87).

Aus dem Umstand, daß für das Werk ein sehr hoher Preis bezahlt worden ist, geht für die Übertragung des Urheberrechts noch nichts hervor; die gegenteilige Anschauung, die in der ersten Auflage vertreten wurde, wird aufgegeben.

Bei dem Verkauf des Negativs bleibt das Urheberrecht an der Photographie trotzdem dem Künstler.

Auch bezüglich der auf Bestellung angefertigten Werke ist nur von Fall zu Fall zu entscheiden, ob mit dem Verkauf des Werkes auch das Urheberrecht auf den Käufer übergeht. Bei den Werken der hohen Kunst kann von einem Übergang des Urheberrechts auch dann nicht die Rede sein, wenn sie auf Bestellung angefertigt wurden. Wenn dagegen der Architekt von einem Photographen verschiedene Aufnahmen des von ihm erbauten Hauses vornehmen läßt, so geht regelmäßig der Wille der Parteien dahin, daß das Urheberrecht an den hergestellten photographischen Abbildungen auf den Architekten als den Besteller übergegangen ist. Indessen kann auch in diesem Falle das Gegenteil anzunehmen sein, insbesondere dann, wenn es sich um mit erheblichem Aufwand an künstlerischem Schaffen hergestellte Bilder handelt.

Wenn der Käufer behauptet, daß ihm das Urheberrecht durch den Kauf mit übertragen sei, so hat er den Beweis hierfür zu erbringen, der regemäßig ein recht schwieriger ist.

§ 11.

Über einen Beitrag, der für eine Zeitung, eine Zeitschrift oder ein sonstiges periodisches Sammelwerk zur Veröffentlichung angenommen wird, darf der Urheber anderweit verfügen, sofern nicht aus den Umständen zu entnehmen ist, daß der Verleger das ausschließliche Recht zur Vervielfältigung und Verbreitung erhalten soll.

Über einen Beitrag, für welchen der Verleger das ausschließliche Recht zur Vervielfältigung und Verbreitung erhalten hat, darf, soweit nicht ein anderes vereinbart ist, der Urheber anderweit verfügen, wenn seit dem Ablaufe des Kalenderjahrs, in welchem der Beitrag erschienen ist, ein Jahr verstrichen ist.

Auf Beiträge zu einem nichtperiodischen Sammelwerke finden diese Vorschriften insoweit Anwendung, als dem Urheber ein Anspruch auf Vergütung für den Beitrag nicht zusteht.

I. Sammelwerke.

II. Periodische Sammelwerke.
1. Die Rechtsvermutung zugunsten des Urhebers.
2. Recht des Verlegers zur Vervielfältigung.
3. Recht des Urhebers zur Verfügung.

III. Nichtperiodische Sammelwerke.
1. Fall, daß dem Urheber ein Anspruch auf Vergütung zusteht.
2. Fall, daß dem Urheber ein Anspruch auf Vergütung nicht zusteht.

I. Sammelwerk.

In dem dem § 42 des Verlagsgesetzes nachgebildeten Paragraphen werden die Befugnisse des Urhebers und Verlegers zur Verfügung über das in periodischen und nichtperiodischen Sammelwerken zur Veröffentlichung angenommene Werk geregelt.

Durch die außerordentliche Entwicklung auf dem Gebiete der Photographie und der photographieähnlichen Verfahren ist der Inhalt dieser Vorschrift teilweise als überholt zu bezeichnen, und der praktische Verkehr auf dem Gebiete des Kunstverlags bei Zeichnungen und Zeitschriften hat dieserhalb teilweise andere Wege eingeschlagen.

Unter einem Sammelwerk wird ein Werk verstanden, das aus getrennten Beiträgen besteht; es ist nicht nötig, daß das Sammelwerk als Ganzes gedacht urheberrechtlichen Schutz genießt, es wird lediglich eine äußere Vereinigung verschiedener selbständiger Beiträge gefordert. Eine gewisse Gleichwertigkeit der einzelnen Beiträge ist in dem Sinne erforderlich, daß das Werk nicht eine Arbeit enthalten darf und daneben nur noch untergeordnete Beigaben von anderen Verfassern, die gar nicht unter den Begriff des Kunstwerks oder des kunstgewerblichen Erzeugnisses gestellt werden können. Ein Sammelwerk liegt auch dann nicht vor, wenn mehrere selbständige Werke unter einem gemeinsamen Titel herausgegeben werden; beispielsweise ist ein Werk, welches unter dem Titel „Die Geschichte der Renaissance in Italien" fünf vollständig voneinander unabhängige und vollständig selbständige Darstellungen der Malerei und Bildhauerei während der Renaissance in den wichtigsten italienischen Staaten und Städten aus der Feder verschiedener Kunstschriftsteller enthält, kein Sammelwerk.

II. Periodische Sammelwerke.

Periodische Sammelwerke sind solche, welche in gewissen Zeitabschnitten regelmäßig mit Beiträgen verschiedener Urheber erscheinen. In erster Linie gehören hierher Zeitungen und Zeitschriften, ferner aber auch solche Werke, welche in gewissen Zeitabschnitten regelmäßig erscheinen, z. B. Jahrbücher, Taschenbücher, Annalen, deren Erscheinen nicht zeitlich begrenzt ist usw. Der Unterschied zwischen Zeitungen und Zeitschriften spielt für die Anwendung des Paragraphen keine Rolle, da, gleichviel ob eine Zeitschrift oder eine Zeitung vorliegt, jedenfalls der Begriff des periodischen Sammelwerks gegeben ist.

1. Die Rechtsvermutung zugunsten des Urhebers.

Das Gesetz stellt die Vermutung auf, daß der Verleger nicht das ausschließliche Recht zur Vervielfältigung eines Werks erhalten soll, das für ein periodisches Sammelwerk zur Veröffentlichung angenommen worden ist, vielmehr spricht die Vermutung dafür, daß der Urheber berechtigt ist, über das Werk anderweitig zu verfügen. Es ist daher Sache des Verlegers, nachzuweisen, daß diese Vermutung im Einzelfalle unzutreffend ist und ihm im Gegensatze zu derselben das Recht zur Vervielfältigung und Verbreitung zusteht.

2. Recht des Verlegers zur Vervielfältigung.

Die Vermutung zugunsten des Urhebers kann sowohl durch einen ausdrücklichen Vertrag als auch durch die Umstände des Einzelfalles ausgeschlossen werden.

Bei der Würdigung der Umstände des Einzelfalles kommt als wesentlich in Betracht die Art des Beitrags, ferner der Charakter des periodischen Sammelwerks, die Höhe des Honorars, die Verkehrssitte. Wer für eine illustrierte Zeitschrift gegen ein Honorar Photographien zur Wiedergabe liefert, weiß und muß wissen, daß der Verleger das ausschließliche Reproduktionsrecht beansprucht und nach der im Kunstverlag bestehenden Übung beanspruchen kann. Zwischen der Annahme von Beiträgen gegen Honorar für eine Zeitschrift und der Annahme für eine Zeitung besteht insofern nach den Gebräuchen des Handels ein großer Unterschied. Der Zeitungsverleger erwirbt auch gegen Honorar für den einzelnen

Beitrag nicht die ausschließliche Befugnis zur Vervielfältigung und Verbreitung. Es ist behauptet worden, daß in den letzten Jahren in dieser Hinsicht eine Änderung insoweit eingetreten sei, als die Zeitungen künstlerische Sonderbeilagen herstellen, für welche sie künstlerische Beiträge nach einem bestimmten Programm einfordern. Bis jetzt kann die Entstehung eines Handelsgebrauchs in diesem Sinne noch nicht anerkannt werden.

Schwierig ist es mitunter, bei Sammelwerken für kunstgewerbliche Erzeugnisse festzustellen, ob der Urheber das Verfügungsrecht besitzt oder dasselbe auf den Verleger übergegangen ist. Es kommt hierbei auf die Feststellung des Zwecks des periodischen Sammelwerks an. Bei der Lieferung von Spitzenzeichnungen für eine Zeitschrift der Konfektionsindustrie, welche den Abonnenten behufs Ausführung zur Verfügung gestellt wird, ist regelmäßig davon auszugehen, daß der Verleger das ausschließliche Recht erworben hat.

Auch wenn dem Verleger das ausschließliche Vervielfältigungs- und Verbreitungsrecht nicht für die ganze Schutzdauer zusteht, sondern nur für einen Teil derselben, ist der Urheber nicht berechtigt, in dessen Recht einzugreifen, vielmehr muß er sich während der Dauer der Übertragung der Reproduktionsbefugnis des Eingriffs in dessen Befugnis enthalten.

3. Das Recht des Urhebers zur Verfügung.

Ist dem Verleger das ausschließliche Recht von dem Urheber übertragen worden, so kann gleichwohl der Urheber darüber verfügen, und zwar nach Ablauf eines Jahres seit dem Ablauf des Kalenderjahres, in welchem der Beitrag erschienen ist. Ist beispielsweise der Beitrag im März 1925 erschienen, so kann der Urheber vom 1. Januar 1927 an darüber verfügen, sofern er nicht eine anderweitige Vereinbarung mit dem Verleger getroffen hat. Eine solche anderweitige Vereinbarung ist darin zu erblicken, daß dem Verleger die ausschließliche Reproduktionsbefugnis für drei oder fünf Jahre zugestanden wird.

III. Nichtperiodische Sammelwerke.

Unter nichtperiodischen Sammelwerken versteht man solche, die nicht regelmäßig innerhalb gewisser Fristen erscheinen. Ein nichtperiodisches Sammelwerk ist beispielsweise ein Werk unter dem Titel „Die Porzellansammlungen in Dresden", welches in einer Anzahl von Lieferungen innerhalb einer längeren Frist erscheint. Auf Beiträge zu solchen nichtperiodischen Sammelwerken finden die vorstehenden Vorschriften dann Anwendung, wenn dem Urheber ein Anspruch auf Vergütung nicht zusteht.

1. Fall, daß dem Urheber ein Anspruch auf Vergütung zusteht.

Die Vergütung kann sowohl in Geld als auch in der Lieferung von Exemplaren bestehen oder in der Belastung des Verlags mit den Kosten der Herstellung, der Vervielfältigung, des Vertriebs usw.

Dem Urheber muß ein Rechtsanspruch auf die Vergütung zustehen. Ist dies der Fall, so beurteilt sich die Frage, welchen Inhalt die dem Verleger übertragenen Rechte und die deswegen dem Urheber auferlegte Beschränkung seiner Rechte besitzt, nach der Vereinbarung bezw. nach dem Handelsgewohnheitsrecht des Kunstverlags. Der Fall, daß ausdrückliche Vereinbarungen nicht getroffen sind, ist keineswegs sehr selten. Der Künstler verläßt sich sehr häufig auf die ihm nur zum Teil bekannten Gepflogenheiten des Kunstverlags. Es läßt sich auch keine Regel darüber aufstellen, welchen Inhalt die Rechte des Verlegers in diesem Falle haben. Für den Kunstverlag läßt sich die Übung behaupten, daß eine Reproduktionsbefugnis nur bezüglich der Verfahren besteht, welche in das Unternehmen des Verlegers fallen. Wenn der Verleger späterhin seinem Unternehmen noch ein Unternehmen angliedert, in welchem ganz andere Reproduktionsverfahren üblich sind wie in seinem ursprünglichen, so erstreckt sich die Reproduktionsbefugnis nicht auf die letzteren. Es ist selbstverständlich, daß, wenn ein Verlagsinstitut für ein illustriertes Lieferwerk eine Radierung oder eine photographische Darstellung zur Veröffentlichung erwirbt, es dieselbe auch nur in diesem Lieferwerk reproduzieren darf.

Es würde unstatthaft sein, wenn der Verleger späterhin ein hiervon verschiedenes Fachwerk herausgeben würde, in welches die betreffenden Abbildungen aufgenommen werden.

2. Fall, daß dem Urheber ein Anspruch auf Vergütung nicht zusteht.

Hat der Urheber keinerlei Anspruch auf Vergütung für den veröffentlichten Beitrag, so kann er über denselben nach Ablauf eines Jahres seit dem Erscheinungsjahr sofort verfügen. Der Herausgeber eines nichtperiodischen Sammelwerks, der lediglich für die zusammenstellende Tätigkeit bezahlt wird, kann über die von ihm für das Sammelwerk ohne Vergütung gelieferten Zeichnungen nach Ablauf eines Jahres nach dem Erscheinungsjahr verfügen, er steht insoweit rechtlich dem Urheber des Einzelbeitrags gleich.

§ 12.

Im Falle der Übertragung des Urheberrechts hat der Erwerber, soweit nicht ein anderes vereinbart ist, nicht das Recht, bei der Ausübung seiner Befugnisse an dem Werke selbst, an dessen Bezeichnung oder an der Bezeichnung des Urhebers Änderungen vorzunehmen.

Zulässig sind Änderungen, für die der Berechtigte seine Einwilligung nach Treu und Glauben nicht versagen kann.

I Persönlichkeitsrecht und Änderungen.
1. Änderung an dem Werke.
2 Änderung an der Bezeichnung desselben.
3. Änderung an der Bezeichnung des Urhebers
II Änderungsbefugnis des Erwerbers

I. Persönlichkeitsrecht und Änderungen.

Im Anschluß an § 12 des Urheberrechtsgesetzes vom 19. Juni 1901 enthält der vorstehende Paragraph eine Bestimmung zum

Zwecke des Schutzes des Persönlichkeitsrechts des Erwerbers; im Falle der Übertragung des Urheberrechts wird dadurch die Integrität des Werkes sichergestellt. Das Persönlichkeitsrecht des Urhebers steht einer Verletzung der Integrität seitens des Erwerbers auch dann entgegen, wenn das Urheberrecht nicht übertragen wird. In diesem Falle kann die Integrität des Werkes nicht auf eine besondere Bestimmung des Kunstschutzgesetzes gestützt werden, sondern nur auf das Persönlichkeitsrecht selbst, wie dies auch in der grundlegenden Entscheidung in RGZ. 79, 379 geschieht. In dem damals entschiedenen Falle hat das RG. die Befugnis des Bestellers eines Freskogemäldes, an demselben Änderungen durch Übermalen anzubringen, verneint und damit den Persönlichkeitsschutz wenigstens auf diesem Gebiete anerkannt (vgl. Mittelstaedt, Gewerblicher Rechtsschutz, 13, 84; JW. 1912, 111; M. u. W. 12, 87 und Kohler daselbst 17, 117). Das Recht auf Integrität des Kunstwerks wird in Frankreich und den romanischen Ländern als droit moral bezeichnet. Aus dem Recht der Integrität folgt, daß der Bauherr, der das Werk des Architekten willkürlich ändert, widerrechtlich handelt und daß der Architekt berechtigt ist, die Beseitigung zu verlangen (vgl. Altenberg in JW. 1913, 76). Es ist nicht zu bezweifeln, daß der Anspruch auf Integrität des Werkes auch für die Werke der Baukunst eine große Bedeutung hat, wenn auch nicht die gleichgroße wie für Gemälde. Der Bauherr oder sein Rechtsnachfolger, welcher das Werk des Architekten, soweit es künstlerische Zwecke verfolgt, willkürlich ändert, handelt widerrechtlich im Sinne von § 823 BGB., und es ist gleichgültig, ob das so veränderte Kunstwerk nur dem Eigentümer der Familie oder einem größeren oder kleineren Kreise zugänglich ist.

Ist das Urheberrecht übertragen, so steht dem Erwerber grundsätzlich nicht das Recht der Änderung zu, die Integrität des Werkes muß auch von dem Erwerber des Urheberrechts gewahrt werden. Die Integrität ergreift einmal das Werk selbst, sodann die Bezeichnung und endlich die Bezeichnung des Urhebers.

Weil der Schutz gegen eine Veränderung der Integrität des

Werkes ein Ausfluß des Persönlichkeitsrechts ist, so entfällt mit dem Tode des Urhebers die Beschränkung des Erwerbers des Urheberrechts, ohne die Einwilligung jenes eine Veränderung vorzunehmen. Den Rechtsnachfolgern steht ein Verbotsrecht in dieser Bezeichnung nicht zu. Nach dem Tode des Urhebers kann der Eigentümer das von ihm gekaufte Gemälde willkürlich verändern, und selbst dann könnten die Rechtsnachfolger hiergegen Einspruch nicht einlegen, wenn ein Kunstwerk durch die Veränderung ein vollständig minderwertiges, dem Namen des Künstlers nicht entsprechendes Werk würde. Die französische Rechtsprechung ist in dieser Beziehung anderer Auffassung, wie insbesondere aus dem von Mittelstaedt, Gewerblicher Rechtsschutz 1913 S 90 mitgeteilten Falle des Sohnes des berühmten Malers Jean Francois Mille hervorgeht, welchem das Recht zugesprochen wurde, gegen minderwertige Nachbildungen des bekannten Bildes „L'ange" welches im Louvre aufgehängt ist, einzuschreiten, obwohl das Urheberrecht daran erloschen war. Daß es manchmal wünschenswert wäre, wenn das Recht auf Integrität auch nach dem Tode des Urhebers von den Erben geltend gemacht werden könnte, soll nicht bestritten werden, aber es ist juristisch nicht möglich, die Fortdauer desselben nach dem Tode anzunehmen, wenn man es auf das Persönlichkeitsrecht stützt.

In den Motiven zu § 12 wird ausdrücklich hervorgehoben, daß der Erwerber des Urheberrechtes nicht befugt ist, das Werk mit Abänderungen zu vervielfältigen oder gewerbsmäßig mittels optischer oder mechanischer Einrichtungen vorzuführen. Die Reproduktionsänderung ist also auch bei kinematographischen Vorstellungen untersagt, soweit nicht die Ausnahme des Abs 2 Platz greift.

1. Änderungen an dem Werk.

Hierunter wird jede Änderung an der verkörperten Darstellung verstanden, gleichviel, ob es sich um ein Original oder eine Reproduktion handelt. Es ist auch gleichgültig, ob die Änderung eine direkte oder indirekte ist. Eine indirekte würde beispielsweise dann vorliegen, wenn die in einem Witzblatt veröffentlichte künstlerische Karikatur von dem Erwerber des Urheberrechts mit verändertem Text wiedergegeben würde. Auch Verstümmelungen sind Änderungen, wie von Kohler mit Recht hervorgehoben wird, z. B. wenn von einer Serie zusammenhängender Bilder ein Bild herausgenommen wird, oder wenn schwarzweiße Bilder koloriert und so verkauft werden (vgl. Kohler, Kunstwerkrecht, S. 149). Die Übermalung nackter Darstellungen aus Gründen der Dezenz ist ebenso eine Änderung an dem Werk wie die Verhüllung der Darstellung der Geschlechtsteile an den Werken der Plastik.

2. Änderungen an der Bezeichnung des Werks.

Auch an dem Titel dürfen Änderungen nicht vorgenommen werden. Der Titel eines Kunstwerks hat allerdings nicht die große Bedeutung wie der Titel eines Buchs oder der Titel eines Tonwerks. Immerhin ist derselbe für die Eigenart eines Kunstwerks von Bedeutung und Wichtigkeit. Wer ein Gemälde erwirbt, welches der Künstler als „Raub der Sabinerinnen" bezeichnet hat, darf dasselbe nicht unter der Bezeichnung „Kriegsraub" zur Ausstellung bringen.

3. Änderungen an der Bezeichnung des Urhebers.

Hier kommt sowohl der Name des Künstlers als auch sein Kunstzeichen in Betracht, gleichviel, ob dasselbe in einem Monogramm oder in einer besonderen Marke besteht; die Änderung des künstlerischen Signets steht der Änderung des bürgerlichen Namens oder des gewählten Kunstnamens vollständig gleich.

II. Änderungsbefugnis des Erwerbers.

Zur Vornahme von Änderungen ist der Erwerber befugt, wenn der Urheber sich damit einverstanden erklärt hat oder wenn es sich um solche Änderungen handelt, welche nach Treu und Glauben von dem Berechtigten nicht verweigert werden können.

a) Die Einwilligung zu Änderungen braucht keine ausdrückliche zu sein, sie kann sich vielmehr auch aus den Umständen ergeben.

Die im Kunstverkehr bestehenden Gebräuche sind hierbei besonders zu berücksichtigen, auch der Zweck des Werkes ist von erheblicher Bedeutung für die Frage, ob eine Vereinbarung bezüglich der Vornahme von Änderungen zustande gekommen ist oder nicht. Wenn der Künstler beispielsweise die Reproduktion seines Gemäldes durch Schwarz-Weiß-Verfahren gestattet, so ist regelmäßig eine gewisse Änderung nicht zu vermeiden. Das gleiche ist der Fall, wenn ein Gemälde in verkleinertem Format reproduziert werden soll, beispielsweise ein Massengemälde. Bei der Übertragung des Urheberrechts an kunstgewerblichen Erzeugnissen für einen bestimmten gewerblichen Zweck lassen sich Änderungen vielfach gar nicht vermeiden, und dieselben gelten als von dem Urheber gewollt.

b) Zulässig sind auch Änderungen, für welche der Berechtigte nach Treu und Glauben seine Einwilligung nicht versagen darf. Diese Bestimmung hat den Zweck, die berechtigten Gewohnheiten des Kunstverkehrs, wie sie vor dem Erlaß des Gesetzes bestanden haben und sich auch unter der Herrschaft des Gesetzes bilden, zu schonen. Änderungen, welche einer zweifellos feststehenden Kunstverkehrssitte entsprechen, muß der Urheber anerkennen, auch wenn er eine Vereinbarung mit dem Erwerber des Urheberrechts nicht getroffen und selbst wenn er sie nicht gekannt hat. Es kommen auch hier in erster Linie solche Änderungen in Betracht, welche durch die Technik, die Änderung der großen Dimensionen oder das Bedürfnis der Vereinfachung notwendig werden. Schlechthin unstatthaft ist die Weglassung der Jahreszahl, die Änderung des Namens oder Kunstzeichens des Künstlers oder seines Wohnortes.

Auch wenn der Erwerber Änderungen vorgenommen hat, welche an sich nach Treu und Glauben statthaft sind, so steht dem Urheber das Recht zu, die Löschung seines Namens unter Umständen verlangen zu dürfen, ebenso ist dies der Fall, wenn der Künstler den Änderungen zugestimmt hat, denn es muß ihm immerhin das Recht zuerkannt werden, zu prüfen, ob bei gewissen Änderungen sein Name noch stehenbleiben kann oder nicht (ebenso Kohler, Kunstwerkrecht, S. 150/151).

Die Verletzung der Vorschrift des § 12 hat sowohl zivilrechtliche als auch strafrechtliche Folgen. Der Urheber ist berechtigt, den Unterlassungsanspruch in Verbindung mit dem Beseitigungsanspruch und Schadenersatzanspruch, letzteren im Falle der Vorsätzlichkeit und Fahrlässigkeit, geltend zu machen. Der Beseitigungsanspruch geht vielfach in den Vernichtungsanspruch über.

§ 13.

Der Name oder der Namenszug des Urhebers darf auf dem Werke von einem anderen als dem Urheber selbst nur mit dessen Einwilligung angebracht werden.

I. Absolutes Recht auf den Namen.

II. Anbringung des Namens oder Namenszugs.

1. Der Name des Urhebers.
2. Die Anbringung auf dem Werk.
3. Die Einwilligung.
4. Verhältnis zu dem Urheberrecht.
5. Rechtsschutz.

I. Das absolute Recht auf den Namen.

Nach der Begründung des Gesetzes hat jeder Künstler ein Interesse daran, daß das von ihm geschaffene Werk, dem er aus irgendeinem Grunde nicht selbst seinen Namen oder Namenszug beigesetzt hat, nicht ohne sein Wissen von anderer Seite mit seinem Namen oder Namenszug versehen wird, weil eine solche Bezeichnung des Werkes hinter dem Rücken des Künstlers dessen Ruf erheblichen Abbruch tun kann. Weil die Vorschriften der übrigen Gesetzgebung, insbesondere die Bestimmungen des Strafgesetzbuches über Betrug und Urkundenfälschung, nicht in allen Fällen anwendbar sind, hat es der Gesetzgeber für notwendig erachtet, die vorstehende Vorschrift aufzunehmen, die in erster Linie für die Werke der bildenden Künste von Bedeutung ist, jedoch auch für die Werke der Photographie Geltung hat. Da es sich bei diesem Recht um den Schutz der Persönlichkeit handelt, so bezieht sie sich nicht nur auf die Werke lebender Künstler, sondern auch auf diejenigen längst gestorbener, insbesondere aber auch auf die Werke solcher Künstler, welche tätig waren, bevor die Gesetzgebung das Urheberrecht anerkannt hat

II. Anbringung des Namens oder des Namenszugs.

1. Der Name des Urhebers.

Unter dem Namen wird der bürgerliche Name des Urhebers verstanden, unter Namenszug jede Darstellung, welche den Namen erkennen läßt Es gilt hier das gleiche wie bei der Auslegung des § 9 des Gesetzes. Schriftstellernamen und Künstlernamen stehen auch hier dem bürgerlichen Namen nicht gleich. Der Name einer verheirateten Künstlerin kann nicht durch den Namen ersetzt werden, den sie vor ihrer Verheiratung trug

2. Die Anbringung auf dem Werk.

Im Gegensatze zu der Anbringung auf dem Werke selbst steht die Anbringung auf der Verpackung, beispielsweise auf der Kiste in der das Gemälde verpackt ist, oder auf den in Kunstsammlungen eingeführten Schildern, dem Sockel einer Bildsäule Zu dem Werke gehören aber auch diejenigen Bestandteile welche mit ihm in einer festen Verbindung stehen.

3. Die Einwilligung.

Die Einwilligung kann sowohl ausdrücklich erfolgen als auch durch schlüssige Handlungen. Sie muß dem gegenüber erfolgt sein, welcher den Namen oder Namenszug auf dem Werke angebracht hat. Der Rechtsnachfolger des Urhebers kann die Einwilligung nicht erteilen, auch den Erben des Urhebers steht die diesbezügliche Befugnis nicht zu.

4. Verhältnis zu dem Urheberrecht.

Die Schutzdauer des Urheberrechts ist für die Dauer des Persönlichkeitsrechts des Urhebers, das in § 13 anerkannt ist, ohne

Bedeutung. Auch nach Erlöschen des Urheberrechts besteht das hierin ausgesprochene Verbot.

5. Rechtsschutz.

Die Übertretung des § 13 gibt dem Urheber sowohl die Befugnis, den Untersagungsanspruch geltend zu machen, als auch Schadensersatz zu verlangen, falls er dadurch geschädigt worden ist. Außerdem wird nach § 33 des Gesetzes derjenige mit Geldstrafe bis zu 1000 Mark bestraft, welcher vorsätzlich der Bestimmung zuwiderhandelt. Unter Umständen wird die Zuwiderhandlung zugleich den Tatbestand einer mit einer schwereren Strafe bedrohten Handlung darstellen, so insbesondere den Tatbestand des Betrugs oder der Urkundenfälschung (RGSt. 34, 53), die unbefugte Anbringung von Namenszügen auf Gemälden ist hier als fälschliche Anfertigung von Privaturkunden angesehen worden.

§ 14.

Die Zwangsvollstreckung in das Recht des Urhebers findet gegen den Urheber selbst ohne dessen Einwilligung nicht statt; die Einwilligung kann nicht durch den gesetzlichen Vertreter erteilt werden.

Gegen den Erben des Urhebers ist ohne seine Einwilligung die Zwangsvollstreckung nur zulässig, wenn das Werk oder eine Vervielfältigung davon erschienen ist.

Die gleichen Vorschriften gelten für die Zwangsvollstreckung in solche Formen, Platten, Steine oder sonstige Vorrichtungen, welche ausschließlich zur Vervielfältigung des Werkes bestimmt sind.

I. Das Urheberrecht als Gegenstand der Zwangsvollstreckung.
II. Beschränkung der Zwangsvollstreckung.
III. Zwangsvollstreckung gegen den Erben.
IV. Zwangsvollstreckungen in Vorrichtungen zur Vervielfältigung.

I. Das Urheberrecht als Gegenstand der Zwangsvollstreckung.

Das Urheberrecht, und zwar sowohl das literarische als auch das musikalische und auch das künstlerische, gehört zu denjenigen Vermögensrechten, in welche die Zwangsvollstreckung zulässig ist. Dies folgt aus dem Charakter der Übertragbarkeit. Forderungen, welche nicht übertragbar sind, unterliegen der Zwangsvollstreckung und Pfändung nicht. Im Gegensatze zu dem Urheberrecht unterliegt das Verlagsrecht, wenn damit nicht die Verlagsrechte einzelner, für eine Zeitschrift erworbener Urheberrechte, sondern das Recht des Schuldners an dem die Herausgabe der Zeitschrift bezweckenden Unternehmen gemeint ist, nicht der Zwangsvollstreckung (ROLG. 35, 183). Die Vorschrift des § 14 schließt sich an die des § 10 des literarischen Urheberrechtsgesetzes von 1901 an. Sie unterscheidet sich von dieser insofern, als nach der letzteren die Zwangsvollstreckung in das Manuskript als solches nicht zulässig ist, weil, wie die Motive sagen, dasselbe keinen stofflichen Vermögenswert hat, während auf dem Gebiete des Kunstwerkrechts die Zwangsvollstreckung auch in das noch unfertige Kunstwerk zulässig ist. Es kann daher das von dem Künstler noch nicht vollständig fertiggestellte, noch in seinem Atelier befindliche halbfertige Kunstwerk gepfändet werden.

II. Beschränkung der Zwangsvollstreckung in das Urheberrecht.

Die Beschränkung der Zwangsvollstreckung in das Urheberrecht greift nur soweit Platz, als die allgemeine Befugnis des Gläubigers in Frage kommt, das Vermögen des Schuldners zur Befriedigung für seine Ansprüche in Anspruch zu nehmen; § 14 kommt also insoweit in Betracht, wenn es sich darum handelt, auf Grund eines Pfandrechts, dessen Gegenstand das Urheberrecht ist, Befriedigung zu suchen, oder wenn die Aufhebung einer Gemeinschaft herbeigeführt werden soll. Osterrieth hält die Bezugnahme auf § 753 BGB. seitens der Motive des Gesetzes für unrichtig; dieser Auffassung ist zuzustimmen. Die Zwangsvollstreckung kann also ohne Einwilligung des Urhebers nicht in sein Urheberrecht erfolgen, worunter die in § 15 des Gesetzes aufgezählten Befugnisse verstanden werden. Sie kann dagegen auch ohne seine Einwilligung in die einzelnen Exemplare seines Werkes erfolgen, welche einen stofflichen Wert haben, ohne Rücksicht auf den fertigen oder halbfertigen Zustand. Die Einwilligung kann ausdrücklich erfolgen wie auch durch schlüssige Handlungen, sie muß aber ausnahmslos durch den Urheber selbst erfolgen. Daraus ergibt sich, daß die Zwangsvollstreckung in das Urheberrecht eines geschäftsunfähigen Urhebers unstatthaft ist, da dieser die Einwilligung nicht erteilen kann und die Einwilligung durch seinen gesetzlichen Vertreter unwirksam ist.

Es ist selbstverständlich, daß die Zwangsvollstreckung in die dem Urheber auf Grund des Urheberrechts zustehenden vermögensrechtlichen Ansprüche durch § 14 nicht berührt wird. Die Pfändung einer derartigen Forderung erfolgt nach Maßgabe des § 857 ZPO. Auch soweit die Pfändung des Urheberrechts selbst zulässig ist, kommt § 857 zur Anwendung.

III. Zwangsvollstreckung gegen den Erben.

Gegen den Erben des Urhebers kann die Zwangsvollstreckung auch ohne Einwilligung desselben erfolgen, jedoch nur dann, wenn

a) entweder das Werk selbst oder

b) eine Vervielfältigung desselben erschienen ist.

Das Gesetz verbindet mit dem Begriff des Erscheinens die gleiche Bedeutung wie in § 5; da bei einem Gemälde, einem Bauwerk, einer Bildsäule von einem Erscheinen überhaupt nicht die Rede sein kann, so ergibt sich, daß insoweit eine Zwangsvollstreckung gegen den Erben des Urhebers nicht möglich ist. Anders verhält es sich, wenn Vervielfältigungen hergestellt und im Verkehr verkäuflich sind. Unter den Erben werden sowohl die gesetzlichen als auch die Testamentserben verstanden, dagegen nicht die Vermächtnisnehmer. Hat der Erbe auf die Erbschaft verzichtet, so steht ihm der Schutz des Abs. 2 nicht zu.

IV. Zwangsvollstreckungen in Vorrichtungen zu Vervielfältigungen.

Beschränkt ist die Zwangsvollstreckung lediglich in solche Vorrichtungen, welche ausschließlich zur Vervielfältigung des Werkes dienen. Der Schutz erstreckt sich also nicht auf solche Vorrichtungen, welche auch noch zu einem anderen Zweck verwendet werden können. Es unterliegt keinem Zweifel, daß das Negativ unter Abs. 3 fällt. Zweifelhaft kann sein, ob auch solche Platten oder Modelle den Schutz genießen, welche der Urheber zwar ausschließlich zu der Vervielfältigung des betreffenden Werkes bestimmt hat, die aber an sich auch einen Wert als selbständige Werke besitzen. Osterrieth, S. 105, nimmt an, daß die Bestimmung des Künstlers maßgeblich sei; solange er nicht in erkennbarer Weise eine selbständige Verwertung solcher Vervielfältigungsmittel verfügt habe, seien sie der Zwangsvollstreckung nicht entzogen. Richtig ist, daß es auf die Bestimmung des Künstlers ankommt, hingegen dürfte die Unterscheidung zwischen solchen Vorrichtungen, welche einen selbständigen Wert haben, und solchen, die nur als Vervielfältigungsmittel in Betracht kommen, sich aus dem Gesetze nicht ergeben.

Nach § 811 Ziff. 5 ZPO. sind der Pfändung nicht unterworfen bei Künstlern, Handwerkern, gewerblichen Arbeitern und anderen Personen, welche aus Handarbeit oder sonstigen persönlichen Leistungen ihren Erwerb ziehen, die zur persönlichen Fortsetzung der Erwerbstätigkeit unentbehrlichen Gegenstände; dahin gehören nicht nur die halbfertigen Kunstwerke, sondern auch Entwürfe, Skizzen, erste Entwürfe, Zeichnungen, Gipsmodelle und Tonmodelle, Farben, Paletten, Marmorblöcke usw.

Die Ausschließung der Zwangsvollstreckung in das unfertige Werk ist dem Gesetze nicht bekannt. Den hierauf gerichteten Anregungen aus der Künstlerschaft hat das Gesetz nicht entsprochen. Die Motive heben mit Recht hervor, daß auch das unfertige Werk unter Umständen einen sehr erheblichen Vermögenswert haben kann und daß weder bei Bauwerken noch bei kunstgewerblichen Erzeugnissen aus wertvollem Stoff die Beschränkung der Zwangsvollstreckung auf das fertige Werk überhaupt in Frage kommen könne.

Obwohl die Bestimmung des § 14 wie alle Vorschriften, durch welche die Zwangsvollstreckung eingeschränkt wird, im allgemeinen Interesse erlassen sind, so gehören dieselben doch nicht dem zwingenden Recht an. Es steht daher nichts im Wege, daß der Urheber rechtswirksam auf sie verzichtet.

Bei der Verwertung des gepfändeten Kunstwerks dürfen seitens der Gläubiger Änderungen, welche die innere Form des Werkes berühren, nicht vorgenommen werden; der Gläubiger hat lediglich die Befugnis, das Recht in der Art zu verwerten, wie es bisher verwertet worden ist; ein Schwarz-Weiß-Bild, das bisher durch Photographien verwertet worden ist, darf daher seitens der Gläubiger nur in dieser Weise weiterverwertet werden oder durch Radierung oder Kupferstich. Dagegen können die Gläubiger nicht einem Dritten das Recht geben, den Gedanken, auf welchem das Bild beruht, bei einem neuen Gemälde zu verwenden (Kohler, Kunstwerkrecht, S. 153).

Zweiter Abschnitt.

Befugnisse des Urhebers.

---

§ 15.

Der Urheber hat die ausschließliche Befugnis, das Werk zu vervielfältigen, gewerbsmäßig zu verbreiten und gewerbsmäßig mittels mechanischer oder optischer Einrichtungen vorzuführen; die ausschließliche Befugnis erstreckt sich nicht auf das Verleihen. Als Vervielfältigung gilt auch die Nachbildung, bei Bauwerken und Entwürfen für Bauwerke auch das Nachbauen.

Auch wer durch Nachbildung eines bereits vorhandenen Werkes ein anderes Werk der bildenden Künste oder der Photographie hervorbringt, hat die im Absatz 1 bezeichneten Befugnisse; jedoch darf er diese Befugnisse, sofern der Urheber des Originalwerkes gleichfalls Schutz genießt, nur mit dessen Einwilligung ausüben.

I. Inhalt des zweiten Abschnittes.

II. Die ausschließlichen Rechte des Urhebers.

1. Die Persönlichkeitsrechte.
2. Die vermögensrechtlichen Befugnisse:
   a) Vervielfältigung.
   b) Gewerbsmäßiges Verbreiten.
   c) Gewerbsmäßiges Vorführen.
   d) **Verleihen.**

e) Die Nachbildung.
f) Das Nachbauen.

III. Nachbildung und Original.
1. Nachbildung eines vorhandenen Werks der bildenden Kunst.
2. Nachbildung eines vorhandenen Werks der Photographie.
3. Einwilligung des Urhebers des Originals.
4. Die Nachbildung von Filmstreifen.

I. Inhalt des zweiten Abschnittes.

In § 15 bis § 24 werden die aus dem Urheberrecht sich ergebenden ausschließlichen Befugnisse des Urhebers geregelt. Im Gegensatze zu dem früheren Rechte haben die Befugnisse des Urhebers durch das geltende Gesetz eine wesentliche Erweiterung erfahren, und zwar nicht nur die Befugnisse des Urhebers eines Werks der bildenden Künste, sondern auch vor allem die Befugnisse des Urhebers eines photographischen Werks. In letzterer Beziehung wurde seitens der Gesetzbegründung insbesondere darauf hingewiesen, daß angesichts der Leichtigkeit, mittels welcher bei dem Stand der Technik ein Bild auf eine Holzplatte oder Kupferplatte übertragen werden könne, das photographische Werk nicht mehr lediglich wie früher gegen die mechanische Nachbildung geschützt werden dürfe, vielmehr sei es erforderlich, auch die photographischen Werke gegen jede Nachbildung zu schützen, also auch gegen die Nachbildung durch ein Kunstverfahren. Die von vielen Seiten verlangte Übernahme der früher geltenden Bestimmung, wonach der Schutz einer photographischen Abbildung von der Angabe des Namens oder der Firma und des Wohnortes des Verfertigers oder Verlegers sowie des Kalenderjahres des Erscheinens abhängig gemacht wurde, hat das Gesetz abgelehnt, vor allem um deswillen, weil ein Bezeichnungszwang für solche photographischen Erzeugnisse aus anderen Staaten, die nach dem Gesetz ihres Heimatsstaates nicht bezeichnungspflichtig sind, im Hinblick auf die Bestimmung der Berner Konvention auch in Deutschland nicht zulässig sei, es aber nicht gerechtfertigt erscheine, die inländischen Staatsangehörigen an Vorschriften zu binden, von welchen die ausländischen vertragsmäßig befreit seien. Die Befürchtungen, welche seinerzeit hiergegen laut wurden und welche insbesondere betonten, daß ohne Bezeichnungszwang das Publikum ein Mittel zur Orientierung über die Urheberrechtsverhältnisse an Photographien nicht besitze, haben sich nicht bewahrheitet.

II. Die ausschließlichen Rechte des Urhebers.

Dem Urheber stehen zwei Klassen von Befugnissen zu, einmal solche, welche den Schutz des Persönlichkeitsrechts bezwecken, und sodann diejenigen, welche sich auf die vermögensrechtlichen Befugnisse beziehen. Gemeinsam ist beiden die Ausschließlichkeit.

1. Die Persönlichkeitsrechte.

Die Befugnisse, welche den Schutz des Persönlichkeitsrechts des Künstlers zum Gegenstand haben, sind nicht ausschließlich in dem Kunstschutzgesetze geregelt. Von den Vorschriften des Gesetzes kommen in Betracht §§ 12 bis 14 und §§ 21 bis 24. Das Urheberpersönlichkeitsrecht ist unabhängig von dem Recht an dem Kunstwerk, es ist ein Ausfluß des allgemeinen Persönlichkeitsrechts.

2. Die vermögensrechtlichen Befugnisse.

a) Die ausschließliche Befugnis zur Vervielfältigung. Unter der Vervielfältigung wird nicht nur die mechanische, sondern auch jede sonstige Reproduktion des Werkes verstanden. Es ist bedeutungslos für den Begriff der Vervielfältigung, ob das Werk mittels eines Verfahrens wiedergegeben ist, welches identisch ist mit dem Verfahren, durch das das Originalwerk hergestellt wurde, oder ob beide Verfahren wesentlich voneinander verschieden sind. Jede sinnlich wahrnehmbare Wiedergabe des Werks fällt unter den Begriff der Vervielfältigung, gleichviel ob die Wiedergabe lediglich eine zeitlich oder räumlich beschränkte oder eine unbeschränkte ist. Unter die Vervielfältigung fällt auch die Reproduktion von der Darstellung in der Flächenkunst in der plastischen; ein Gemälde oder eine Radierung darf auch nicht im Relief reproduziert werden, eine Photographie auch nicht im Abguß, z. B. in einer Bronzefigur usw. Zur Vervielfältigung gehört auch die Herstellung von Vorrichtungen zu Vervielfältigungen, also von Platten, Steinen, Typen, Holzblöcken und dergl. mehr, ferner die Ausführung im Entwurf, die Nachbildung an einem gewerblichen Gegenstand oder zu gewerblichen Zwecken, z. B. in einem Katalog. Gleichgültig ist es, ob die Vervielfältigung gegen Bezahlung oder ohne solche erfolgt. Auch die zu Zwecken eines Geschenks erfolgte Nachbildung enthält eine Verletzung des Urheberrechts.

Die ausschließliche Reproduktionsbefugnis bezieht sich in erster Linie auf das Werk in seiner Gesamterscheinung. Dies darf jedoch nicht dahin verstanden werden, als ob die Einzelheiten des Werks nicht geschützt wären. Auch wenn die Bilder der einzelnen als künstlerische Motive verwerteten Gegenstände in den Karten jeweils verschieden sind und dieserhalb für sich allein betrachtet als eigentümliche Schöpfungen angesehen werden könnten, so wird hierdurch noch nicht ausgeschlossen, daß die Karten, deren Bestandteile sie bilden, in der Gesamterscheinung sich als Nachbildungen darstellen können (RG. in JW. 1912 S. 952 und in M. u. W. 12, 128).

Die Vervielfältigung wird schon durch die Reproduktion eines einzelnen Exemplares begangen.

Gleichgültig ist es, ob dieselbe zum Zwecke der Verbreitung im Inland oder im Ausland vorgenommen wird. Auf den Zweck der unberechtigten Vervielfältigung kommt es nicht an, auch die in bester Absicht vorgenommene Vervielfältigung ohne Einwilligung des Urhebers verletzt dessen Recht (RG. in M. u. W. 15, 40).

b) Gewerbsmäßiges Verbreiten. Unter der Verbreitung ist die Tätigkeit zu verstehen, durch welche bezweckt wird, das Werk einem anderen, sei es dem Eigentum nach, sei es nur dem Gebrauch nach, zu überlassen. Es ist nicht erforderlich, daß die Überlassung in der einen oder anderen Weise an mehrere erfolgt oder daß sie in mehreren Exemplaren bewirkt wird; gleichgültig ist es für den Begriff ferner, ob sie gegen Gewährung eines Entgeltes oder unentgeltlich erfolgt. Gewerbsmäßig ist die Verbreitung dann, wenn sie geschieht, um dem Verbreiter eine fortgesetzte, auf Erlangung eines Erwerbs gerichtete Tätigkeit zu ermöglichen. Die Verbreitung kann auch dann widerrechtlich sein, wenn die Herstellung selbst nicht widerrechtlich war. Dies ist insbesondere dann der Fall, wenn die Vervielfältigung im Auslande erfolgt, wo ein Schutz des Kunstwerks nicht bestand, und das so vervielfältigte Bild nachher im Inland verbreitet wird (vgl. Kohler S. 59 und die daselbst angegebenen Entscheidungen aus der französischen Rechtsprechung).

Gewerbsmäßig ist auch die Verbreitung zum Zwecke des Unterrichts, sofern es sich nicht lediglich um den Hausunterricht handelt. Ein Unterschied zwischen dem Unterricht in einer Privatschule oder einer öffentlichen Schule besteht insoweit nicht.

Die Ausstellung der Reproduktion derart, daß sie von dem Publikum gekauft werden kann, fällt unter den Begriff der gewerbsmäßigen Verbreitung, also nicht nur dann, wenn die Ausstellung im Laden erfolgt, sondern auch die Ausstellung in einer Gemäldesammlung.

c) Gewerbsmäßiges Vorführen. Unter der Vorführung wird jede Darstellung verstanden, durch welche das Werk einer Mehrheit von Personen sichtbar gemacht wird, bezüglich der Bedeutung des Begriffs „gewerbsmäßig" gelten die Ausführungen unter b. Während der Entwurf des Gesetzes dem Urheber lediglich die ausschließliche Befugnis bezüglich der gewerbsmäßigen Vorführung mittels mechanischer und optischer Einrichtungen vorbehielt, ist in der Kommissionsberatung eine Erweiterung insofern vorgenommen worden, als zwischen die Worte „mechanisch" und „optisch" das Wort „oder" gestellt wurde. Es geschah dies, um alle Möglichkeiten der künftigen Entwicklung der Technik zu berücksichtigen. Zu den Vorführungen, welche auf einer Verbindung von mechanischen und optischen Einrichtungen beruhen, gehören insbesondere Vorführungen von Projektionsbildern, ferner im Kinematograph, Mutoskop, zu den Vorführungen mittels optischer Einrichtungen gehört die Wiedergabe des Bildes durch das Skioptikon und ähnliche Mittel, dagegen nicht mittels Mikroskop oder Sterioskop, weil es sich hierbei, wie Kohler richtig bemerkt, nicht um die Erzeugung eines außerhalb des Betrachtenden befindlichen Bildes handelt, sondern um einen Prozeß innerhalb des Betrachtenden selbst; das gleiche gilt bezüglich der Besichtigung eines Bildes durch Operngläser (Kohler, Kunstwerkrecht, S. 54). Die Vorführung, welche nicht mittels mechanischer oder optischer Einrichtungen oder einer Kombination beider erfolgt, ist statthaft, daher auch insbesondere die Ausstellung eines Werks oder seiner Vervielfältigung. Dieselbe steht dem Eigentümer zu, es sei denn, daß der Urheber sich vertraglich die Befugnis zur Schaustellung vorbehalten hat. Ob es sich um eine entgeltliche oder um eine unentgeltliche Schaustellung handelt, ist gleichgültig. In der Begründung des Gesetzes wird darauf hingewiesen, daß gegen die Gleichstellung der Schaustellung mit der Verbreitung sowohl allgemeine Rücksichten als auch die Interessen des Kunstwerks sprächen. Wenn zu jeder Schaustellung eines Gemäldes die Genehmigung des Künstlers eingeholt werden müßte, so könnte die Veranstaltung von wünschenswerten Ausstellungen sehr erschwert und unter Umständen unmöglich gemacht werden. Es ist nicht angängig, dem Eigentümer des Werkes oder dessen Gläubigern zu untersagen, das zum Verkauf gestellte Werk im Wege der Ausstellung öffentlich darzubieten.

Hat der Urheber bei der Übertragung des Eigentums die öffentliche Ausstellung verboten, so hat eine derartige Vereinbarung nur obligatorische, nicht aber dingliche Bedeutung. Gegen eine Ausstellung, welche die künstlerischen Interessen eines Urhebers verletzt, kann derselbe unter dem Gesichtspunkt der Urheberpersönlichkeit einschreiten.

d) Verleihen. Wie bei den Werken der Literatur und Tonkunst erstreckt sich auch bei den Werken der bildenden Künste und des Kunstgewerbes die ausschließliche Befugnis des Urhebers nicht auf das Verleihen (vgl. § 11 des Gesetzes vom 19. Juni 1901). Die Bestimmung bezieht sich sowohl auf das gewerbsmäßige wie das nichtgewerbsmäßige Verleihen, ebenso wird zwischen dem entgeltlichen und unentgeltlichen Verleihen nicht unterschieden. Eine Vereinbarung des Urhebers mit einem Dritten, wodurch die Befugnis zur Verleihung ausgeschlossen wird, hat nur obligatorische, keine dingliche Wirkung (RGZ. 63, 394). Dieß bezieht sich jedoch nur auf rechtmäßig hergestellte Exemplare. Die Verleihung widerrechtlich hergestellter Exemplare kann der Urheber verhindern.

e) Die Nachbildung. Als Nachbildung wird sowohl die Wiedergabe in dem gleichen Verfahren wie auch in einem anderen Verfahren betrachtet. Eine Nachbildung liegt also vor, wenn ein Gemälde auf einer Radierung, einer Photographie, einem Kupferstich, einem Theatervorhang usw. reproduziert wird, ferner aber wenn ein photographisches Werk in einem Holzschnitt, einem Stahlstich, einem Kupferstich, einer Zeichnung, einem Gemälde usw. wiedergegeben ist. Auch die kinematographische Darstellung bedeutet eine Nachbildung, soweit es sich nicht um die dargestellte Dramatik handelt (vgl. Kohler S. 54). Wird durch die widerrechtliche Nachbildung ein neues, d. h. auf individuellem Schaffen beruhendes Werk geschaffen, so ist dieses auch ein geschütztes Kunstwerk.

f) Das Nachbauen. Das Nachbauen bezweckt die Nachbildung des Bauwerks in seinem Ganzen. Es ist wesentlich verschieden von der Wiedergabe des Bauwerks auf einer Zeichnung oder Photographie; auch zum Zwecke des Eigenbaus ist das Nachbauen verboten. Unter den Begriff fällt aber nicht die Nachbildung der Innendekoration, und zwar auch dann nicht, wenn dieselbe in das Gebäude so eingebaut ist, daß sie zu einem wesentlichen Bestandteil desselben im Sinne des BGB. geworden ist. Die Vorschriften dieses über wesentliche Bestandteile und Zubehör haben insoweit keine Bedeutung (Kohler S. 38); auch die Nachahmung von Außendekorationen, welche anderen als Monumentalzwecken dienen, ist gestattet.

III. Nachbildung und Original.

Durch die Bestimmung des Absatzes 2 sollen die Befugnisse desjenigen geregelt werden, welcher für ein durch Nachbildung entstandenes Werk als Urheber gilt, sei es, daß es sich um die Nachbildung eines Werks der bildenden Künste oder eines Werks der Photographie in derselben oder einer anderen Kunstform handelt. Dem Urheber eines durch Nachbildung entstandenen Werks werden an sich die Befugnisse des Absatzes 1 zuerkannt. Er darf aber, sofern der Urheber des Originalwerkes gleichfalls noch Schutz genießt, nur mit dessen Einwilligung von der Möglichkeit der Vervielfältigung, gewerbsmäßigen Vertreibung oder gewerbsmäßigen Vorführung seines Werkes Gebrauch machen. Die Befugnisse an dem nachgebildeten Werke ruhen und werden erst wirksam, wenn das Recht am Originalwerk erloschen ist oder wenn der Berechtigte die Erlaubnis zur Ausübung erteilt hat.

1. Nachbildung eines vorhandenen Werks der bildenden Künste.

Das Gesetz setzt voraus, daß es sich um ein bereits existierendes Werk der bildenden Künste handelt, die Bestimmung findet also keine Anwendung, solange die schöpferische Idee noch nicht verwirklicht ist. Hier kann man von einer Kunstrechtsverwirklichung im Sinne Kohlers sprechen. Das Werk der bildenden Künste kann sowohl im gleichen Verfahren als auch in anderen Verfahren als Werk der bildenden Künste nachgebildet werden, eine Nachbildung ist aber auch auf dem Wege der Photographie möglich. In jedem Falle muß es sich um ein Werk handeln, welches auf selbständiger Schaffenskraft beruht, also schutzfähig ist.

2. Nachbildung eines vorhandenen Werkes der Photographie.

Auch das photographische Werk kann sowohl in dem gleichen Verfahren, also als Photographie, wie auch als Werk der bildenden Kunst nachgeahmt werden. Der Urheber des Nachbildes hat dieselben Befugnisse wie der Urheber des Originals. Er ist auch gegen Eingriffe des Urhebers des Originals selbst geschützt, daraus folgt, daß der Urheber eines Kupferstichs, welchen jemand mittels der Photographie nachahmt, keine Befugnis hat, die Photographie zu vervielfältigen, ebensowenig wie der Urheber eines Gemäldes befugt ist, den Kupferstich zu vervielfältigen, den ein anderer nachgebildet hat.

Im Verhältnis zu dem Urheber des Originalwerks darf der Urheber der Nachbildung diese weder vervielfältigen noch verbreiten noch vorführen ohne die Einwilligung des ersteren. Mit anderen Worten: für die Dauer des Schutzes des Originalwerkes sind die urheberrechtlichen Befugnisse des Urhebers der Nachbildung nach der positiven Seite nur latent vorhanden, während sie nach der negativen Seite voll und ganz bestehen; es kann also der Urheber der Nachbildung die Klage auf Unterlassung gegen einen Dritten, welcher die Nachbildung vervielfältigt hat, geltend machen, ohne der Zustimmung des Urhebers des Originalwerkes zu bedürfen; wer ein Ölgemälde durch einen Kupferstich nachgebildet hat, kann dieserhalb gegen den Photographen, der seinerseits den Kupferstich nachgebildet hat, vorgehen, ohne der Zustimmung des Urhebers des Gemäldes zu bedürfen.

3. Einwilligung des Urhebers des Originalwerks.

Während des Schutzes des Originalwerkes steht dem Urheber der Nachbildung das Recht der Vervielfältigung, Verbreitung und Vorführung nur mit dessen Einwilligung zu. Die Einwilligung ist auch entscheidend für den Umfang der Befugnisse des Urhebers der Nachbildung. In den Worten des Gesetzes wird hervorgehoben, daß ein Verleger, dem der Urheber sein Gemälde nur zur Nachbildung durch Kupferstich überlassen hat, vermöge seines Rechts an dem Kupferstich nicht befugt ist, denselben photographisch zu vervielfältigen.

In der Kommission des Reichstags wurde die Frage aufgeworfen, ob die photographische Nachbildung eines geschützten Werks nach Ablauf ihrer Schutzfrist ohne Verletzung des an dem Originalwerk noch weiterbestehenden Urheberrechts frei vervielfältigt oder verbreitet werden kann. Die Frage wird einstimmig verneint, weil durch den Ablauf der Schutzfrist für die Nachbildung der Schutz des Originalwerks nicht beeinträchtigt werden kann. Es wäre direkt unverständlich, wenn durch den Ablauf der Schutzfrist an der Nachbildung ein Recht entstehen könnte, welches während der Dauer des Schutzes nicht besteht.

4. Die Nachbildung mittels Filmstreifen.

Auch wenn ein Werk der bildenden Künste oder der Photographie mittels Filmstreifen nachgebildet wird, besteht bezüglich des Rechts an dem Filmstreifen ein abhängiges Urheberrecht im Sinne der vorstehenden Ausführungen (vgl. die folgenden Ausführungen zu § 15 a). Der Filmfabrikant hat an dem dramatischen Film ein literarisches Urheberrecht, an dem bildnerischen das eigentümliche, kinematographische.

§ 15a.

Ist ein im Wege der Kinematographie oder eines ihr ähnlichen Verfahrens hergestelltes Werk wegen der Anordnung des Bühnenvorganges oder der Verbindung der dargestellten Begebenheiten als eine eigentümliche Schöpfung anzusehen, so erstreckt sich das Urheberrecht auch auf die bildliche Wiedergabe der dargestellten Handlung in geänderter Gestaltung. Der Urheber hat die ausschließliche Befugnis, das Werk öffentlich vorzuführen.

I. Zweck der Bestimmung.

II. Gegenstand des Schutzes.

1. Dramatische und nichtdramatische Films.
2. Anordnung des Bühnenvorganges.
3. Verbindung der dargestellten Handlungen.

III. Inhalt des Schutzes.

I. Zweck der Bestimmung.

Die Ergänzung zu § 15 durch § 15 a ist mit Rücksicht auf Artikel 14 der revidierten Berner Konvention notwendig geworden. Letztere bestimmt:

„Den gleichen Schutz wie Werke der Literatur und Tonkunst genießen selbständige kinematographische Erzeugnisse, sofern der Urheber durch die Anordnung des Bühnenvorgangs oder der Verbindung der dargestellten Begebenheiten dem Werke die Eigenschaft eines persönlichen Originalwerks gegeben hat. Unbeschadet der Rechte des Urhebers am Original wird die Wiedergabe eines Werkes aus dem Bereiche der Literatur, der Wissenschaft oder der Kunst mittels der Kinematographie wie ein Originalwerk geschützt.

Die vorstehenden Vorschriften finden auch Anwendung auf eine Wiedergabe oder ein Erzeugnis, welches durch ein der Kinematographie ähnliches Verfahren zustande kommt."

Auf Grund dieser Bestimmung des internationalen Vertrags erging dann das Gesetz vom 22. Mai 1910 (RGBl. 793), dessen Art. III Ziff. 1 die vorstehenden Bestimmungen dem Kunstschutzgesetz einfügte. Schon vor Erlaß des Gesetzes sind die Beziehungen zwischen Film und Urheberrecht in der Literatur in sehr ausgiebigem Maße erörtert worden, nach Erlaß hat sich dieselbe auch mit dem Inhalt des § 15 a beschäftigt. Es kommen insbesondere in Betracht:

Elster, Gewerblicher Rechtsschutz 1912 S. 363,
Treitel, daselbst 1912 S. 123,
Helwig, daselbst 1915 S. 144,
Helwig, daselbst 1916 S. 176,
Kohler, daselbst 1920 S. 1,
Seligmann, daselbst 1922 S. 73,
Treitel, JW. 1912 S. 569,
Goldbaum, daselbst 1912 S. 668,
Osterrieth, Archiv für Rechts- und Wirtschaftsphilosophie Bd. 7 S. 143,
May, Recht des Kinematographen, Berlin 1922,
Allfeld, Deutsche Juristenzeitung 1910 S. 274.

Der Zweck der Vorschrift geht dahin, die Grundlage für den Filmschutz zu schaffen. Mit Recht ist daher gesagt worden, daß § 15a die eigentliche Sedes materiae des kinematographischen Urheberschutzes für das Inland sei. Das Gesetz soll und will den eigentümlichen kinematographischen Schöpfungen einen Schutz gewähren, welcher dem Schutz gleichwertig ist, der den Werken der Kunst zusteht. Die eigentümliche kinematographische Schöpfung ist aber wesentlich verschieden von der bloßen Wiedergabe eines Werkes der schönen Künste durch die Kinematographie, die sklavische Nachahmung begründet kein Urheberrecht an dem kinematographischen Werk (vgl. Goldbaum, JW. 1912, 669).

II. Gegenstand des Schutzes.

1. Dramatische und nichtdramatische Films.

Man unterscheidet zwischen dramatischen und nichtdramatischen Films. Der dramatische Film ist derjenige, welcher eine Reihe von Vorgängen darstellt, die eigens für die Handlungen gespielt worden sind, während der nichtdramatische die Aufnahme von sich selbst bietenden Vorgängen enthält. Der dramatische Film hängt in erster Linie von der gestaltenden Tätigkeit des Filmherstellers ab, während es sich bei dem nichtdramatischen um die Wiedergabe bereits vorhandener Begebenheiten handelt. Ein dramatischer Film wird nach dem Filmbuch hergestellt, in welchem der Filmautor seinen Handlungsgedanken niederlegt. Auf Grund des Filmbuchs geschieht die Aufnahme, bestehend aus der Aufführung der Handlungen und der photographischen Aufnahme, welche als Verfilmung bezeichnet wird. Bei dieser Aufführung entfaltet der Filmregisseur die maßgebliche Tätigkeit als seine Kunst, während die Mitarbeiten aller übrigen mehr untergeordneter Art sind. Die Verfilmung wird auch als Drehen oder Kurbeln des Filmbuchs bezeichnet (vgl. Seligmann, Gewerblicher Rechtsschutz 1923 S. 73/74). Die Verfilmung zerlegt die Handlung in zahlreiche Einzelbilder und hält sie auf dem Filmstreifen fest. Dadurch, daß der Filmstreifen im Projektionsapparat abrollt, spielt sich die Handlung wieder vor dem Zuschauer ab. Im Gegensatze zu diesen dramatischen Films sind als undramatische Films anzusehen insbesondere Darstellungen von Landschaften, wie Gebirge, Wasserfälle, Schluchten usw.

Ob man als Schutzgegenstand des § 15a mit Goldbaum die Kombinationsidee bezeichnen kann, ist höchst zweifelhaft, denn die Idee als solche ist in dem Kunstschutzrecht ebensowenig geschützt wie in dem literarischen Urheberrecht, sondern nur die Verwirklichung derselben im Kunstwerk.

2. Anordnung des Bühnenvorganges.

Die Schutzfähigkeit eines kinematographischen Werkes wird dadurch bedingt, daß eine Anordnung des Bühnenvorganges vorliegt, darunter ist zu verstehen, daß die Reihenfolge der Bilder, welche dem Zuschauer vorgeführt werden, auf einer durchdachten, also einer geistigen Tätigkeit entspringenden Anordnung beruht. Da der dramatische Film nicht als Kunstwerk, sondern als Schriftwerk geschützt ist, so kommt für § 15a der Film in Betracht, welcher Naturaufnahmen sowie die Aufnahmen menschlicher Tätigkeit wiedergibt. Zu diesen gehören beispielsweise die in den letzten Jahren besonders gepflegten Lehrfilms aller Art. Die Darstellung von Naturaufnahmen ist nur dann geschützt, wenn durch die Wahl und Verbindung der Vorgänge eine Darstellung bewirkt worden ist, die über die einfache photographische Aufnahme wesentlich herausgeht, denn nur dann kann von einer eigentümlichen Schöpfung die Rede sein, z. B. St. Moritz im Winter.

3. Verbindung der dargestellten Begebenheiten.

Die wiedergegebenen Begebenheiten müssen in einer inneren Verbindung miteinander stehen, ohne diese ist von einer eigentümlichen Schöpfung nicht zu sprechen. Wenn ein Lehrfilm die Darstellung der Herstellung von Baumwolle zum

Gegenstand hat, so müssen die einzelnen Vorgänge der Produktion derart miteinander verbunden sein, daß das Ganze die Entwicklung der Baumwollfaser bis zur fertigen, sofort verarbeitungsfähigen Baumwolle zeigt.

III. Inhalt des Schutzes.

Der Urheber des kinematographischen Werkes hat das Recht darauf, daß dasselbe nicht bildlich wiedergegeben wird; auch die abgeänderte bildliche Wiedergabe ist unzulässig. Des weiteren steht ihm das ausschließliche Recht zu, das Werk öffentlich vorzuführen. Außer diesen beiden, in § 15 a besonders hervorgehobenen Befugnissen erstreckt sich sein Recht auch auf die Vervielfältigung und die gewerbsmäßige Verbreitung. Die Vervielfältigung ist insbesondere möglich durch Kontaktabdruck, durch Neuaufnahme der neuaufgeführten Handlung.

Zwischen der bildlichen Wiedergabe und der freien Benutzung ist auch hier ein wesentlicher Unterschied; ob diese oder jene vorliegt, läßt sich nur von Fall zu Fall beurteilen. Durch das Herauslassen einzelner Bilder wird der Tatbestand der bildlichen Wiedergabe nicht schlechthin ausgeschaltet, ebensowenig bei dem dramatischen wie bei dem nichtdramatischen Film. Auch wenn das Filmmaterial in unrechtmäßiger Weise erworben worden ist, bleibt doch die vorstehende ausschließliche Befugnis dem Urheber des Films gewahrt.

Eine Wiedergabe liegt insbesondere auch dann vor, wenn die Größenverhältnisse geändert werden.

Eine Verletzung des Urheberrechts an dem kinematographischen Werk wird nicht nur durch die körperliche Weitergabe des Films bewirkt, sondern auch durch die nicht genehmigte öffentliche Vorführung.

Ob der Erwerb eines Filmexemplares dem Käufer ohne weiteres das Recht verleiht, den Film auch öffentlich zur Aufführung zu bringen, hängt von den Umständen des Einzelfalles ab. Im allgemeinen muß gesagt werden, daß eine Übung besteht, wonach der Käufer eines Filmexemplares dadurch auch das Recht der öffentlichen Aufführung des Films erwirbt. Indessen gilt dies keineswegs ausnahmslos, vielmehr kann mit Rücksicht auf die besonderen Umstände des Einzelfalles anzunehmen sein, daß der Käufer des Filmexemplares überhaupt nicht oder nur mit Beschränkung das Recht der öffentlichen Aufführung erwerben soll. Zuzugeben ist jedoch, daß die Fälle, in welchen trotz des Verkaufs des Filmexemplars der Käufer das Recht der öffentlichen Aufführung nicht erwerben soll, selten sind, vor allem bezüglich der allein hier in Betracht kommenden den Kunstschutz genießenden Films.

§ 16.

Die freie Benutzung eines Werkes ist zulässig, wenn dadurch eine eigentümliche Schöpfung hervorgebracht wird.

I. Freie Benutzung.
II. Anregung.

I. Freie Benutzung.

Wie nach § 13 des literarischen Urheberrechtsgesetzes ist auch für die Werke der bildenden Kunst und der Photographie die freie Benutzung ohne Einwilligung des Urhebers gestattet, sofern dadurch eine originale Schöpfung hervorgebracht wird. Verschieden von der freien Benutzung ist die unfreie, also die Nachbildung. Eine freie Benutzung ist nicht nur dann vorhanden, wenn der Gedanke, welcher dem Kunstwerk zugrunde liegt, benutzt worden ist, sondern auch dann, wenn das Sujet, das Motiv, der Stil benutzt worden ist, aber nur so, daß die Verwertung in eigenartiger Form erfolgt. Es kommt wegen der Bedeutung, welche die Form für die bildenden Künste hat, vor allem auf die Form der Verkörperung der künstlerischen Idee an. Es ist beispielsweise möglich, das Gemälde, welches eine Dame in Rokokotracht darstellt, in freier Weise derart zu benutzen, daß eine eigentümliche Schöpfung dadurch hervorgebracht wird.

Die Karikatur ist regelmäßig als eine freie Benutzung anzusehen.

II. Anregung.

Die Anregung des schaffenden Künstlers durch ein vorhandenes Werk ist ebenso statthaft wie die freie Benutzung; im Verhältnis zu dieser ist die Anregung das Minderweitgehende. Die Anregung greift aber nur dann nicht in die Rechte des Urhebers ein, wenn eine eigentümliche Schöpfung entstanden ist. Maßgeblich ist also in dem einen wie in dem anderen Fall, daß das spätere Werk nicht mit dem früheren übereinstimmt. Die Nichtübereinstimmung würde auch dann verneint werden müssen, wenn eine Identität lediglich in Ansehung einzelner Teile vorhanden wäre.

§ 17.

Eine Vervielfältigung ohne Einwilligung des Berechtigten ist unzulässig, gleichviel durch welches Verfahren sie bewirkt wird; auch begründet es keinen Unterschied, ob das Werk in einem oder mehreren Exemplaren vervielfältigt wird.

I. Vervielfältigung.
II. Verfahren.
III. Unzulässige Vervielfältigung des Urhebers.
IV. Einwilligung des Berechtigten.
V. Vervielfältigung in mehreren Exemplaren.

I. Vervielfältigung.

Der Begriff der Vervielfältigung ist der gleiche wie in § 15 des Gesetzes, auch hier kommt sowohl die zeitliche als auch die ständige Vervielfältigung in Betracht. Eine Ausnahme von der Bestimmung, daß die Vervielfältigung ohne Einwilligung des

Berechtigten schlechthin unzulässig ist, besteht nur in Ansehung der Einzelkopie (vgl. § 18). Der Paragraph entspricht dem § 15 Abs. 1 des literarischen Urheberrechtsgesetzes.

II. Verfahren der Vervielfältigung.

Durch welches Verfahren die Vervielfältigung erfolgt, ist gleichgültig. Die Vervielfältigung eines Gemäldes durch Holzschnitt, Kupferstich, Photographie ist also ebenso unzulässig wie die Vervielfältigung durch ein Gemälde selbst. Ob die Vervielfältigung nach dem Originalwerk oder nach einer Nachbildung desselben vorgenommen wird, ist gleichgültig. Ebenso ist bedeutungslos, ob die Vervielfältigung an einem Werk der Industrie, des Handwerks, des Gewerbes erfolgt oder an einem Kunstwerk selbst.

III. Unzulässige Vervielfältigung durch den Urheber.

Auch der Urheber kann sich der unzulässigen Vervielfältigung schuldig machen, insbesondere dann, wenn er das Urheberrecht übertragen hat, gleichwohl aber die Vervielfältigung vornimmt. Andererseits ist auch auf seiten des Verlegers die unzulässige Vervielfältigung möglich, beispielsweise dann, wenn er eine größere Anzahl von Exemplaren des Werkes herstellt, als ihm nach dem Vertrag gestattet ist, oder wenn er die örtlichen Schranken überschreitet, innerhalb welcher ihm die Vervielfältigung ausschließlich gewährt ist, oder wenn er die Vervielfältigung in Formen vornimmt, für welche ihm ein Recht nicht gewährt worden ist. Die Bestimmungen des Vertrags, welche die Beschränkungen des Vervielfältigungsrechts, sei es in örtlicher, sei es in sachlicher, sei es in zeitlicher Hinsicht enthalten, dürfen nicht in erweiterndem Sinne ausgelegt werden.

IV. Die Einwilligung des Berechtigten.

Nur durch die Einwilligung seitens des Berechtigten wird die Vervielfältigung zu einer erlaubten Handlung. Dieselbe kann sowohl mündlich wie schriftlich erfolgen, ferner durch schlüssige

Handlungen. Eine Vermutung dafür, daß die Einwilligung erfolgt ist, besteht nicht, der dieselbe Behauptende muß den Beweis erbringen.

V. Vervielfältigung in mehreren Exemplaren.

Für den Begriff der Vervielfältigung ist die Herstellung in einem Exemplar oder in mehreren Exemplaren gleichgültig. Hieraus darf jedoch nicht der Schluß gezogen werden, daß die Herstellung eines jeden Exemplares eine selbständige Handlung bildet. Wenn die Herstellung der mehreren Exemplare einem einheitlichen Willensentschluß entspringt, so liegt auch nur eine Handlung vor. Die auf dem Gebiete des gewerblichen Rechtsschutzes viel umstrittene Frage, ob der Begriff der fortgesetzten Handlung in zivilrechtlicher Hinsicht entbehrlich ist oder nicht, hat für das Gebiet des Kunstschutzrechts keine erhebliche Wichtigkeit.

§ 18.

Eine Vervielfältigung zum eigenen Gebrauch ist mit Ausnahme des Nachbauens zulässig, wenn sie unentgeltlich bewirkt wird.

Bei Bildnissen einer Person ist dem Besteller und seinem Rechtsnachfolger gestattet, soweit nicht ein anderes vereinbart ist, das Werk zu vervielfältigen. Ist das Bildnis ein Werk der bildenden Künste, so darf, solange der Urheber lebt, unbeschadet der Vorschrift des Abs. 1 die Vervielfältigung nur im Wege der Photographie erfolgen.

Verboten ist es, den Namen oder eine sonstige Bezeichnung des Urhebers des Werkes in einer Weise auf der Vervielfältigung anzubringen, die zu Verwechselungen Anlaß geben kann.

I. Vervielfältigung zum eigenen Gebrauch (Einzelkopie).

1. Eigener Gebrauch.

2. Unentgeltlichkeit.
3. Nachbauen.

II. Vervielfältigung bestellter Bildnisse.
1. Bildnisse.
2. Der Besteller.
3. Bildnisse der bildenden Künste.

III. Bezeichnungsverbot.
1. Name.
2. Sonstige Bezeichnung.
3. Verwechselungsfähigkeit.

IV. Verwertung von Einzelkopien.

I. Vervielfältigung zum eignen Gebrauch (Einzelkopie).

Die Bestimmung des Absatzes 1 beschäftigt sich mit der Einzelkopie. Im Interesse des Studiums ist man mit Recht der Ansicht gewesen, daß die Herstellung der Einzelkopie unabhängig von der Einwilligung des Urhebers gestattet sein müsse. Dem in Künstlerkreisen bestehenden Wunsche, daß in jedem Einzelfalle die Einwilligung des Urhebers eingeholt werden müsse, hat die Gesetzgebung mit Recht nicht entsprochen, von der richtigen Auffassung ausgehend, daß einmal sich eine derartige Vorschrift vielfach überhaupt nicht durchführen lasse und sodann, daß auch die wirklichen Interessen der Künstler dadurch nicht geschädigt werden, daß für den eigenen Gebrauch die unentgeltliche Herstellung einer Einzelkopie gestattet werde. Vermittels welches Verfahrens die Einzelkopie hergestellt wird ist gleichgültig. Es ist insbesondere zulässig, die Einzelkopie auf mechanischem Wege, insbesondere vermittels der Photographie, herzustellen. Der Antrag, lediglich die Handkopie zuzulassen, wurde mit Rücksicht auf das Interesse des Studiums abgelehnt. Die Befürchtung der Künstlerkreise, daß durch diese Ausnahme von dem Monopol der Vervielfältigung ihre Interessen schwer geschädigt werden könnten, ist ausweislich der gemachten Erfahrungen nicht in Erfüllung gegangen, insbesondere hat sich nicht beobachten lassen, daß die erlaubte Herstellung der Einzelkopie zu Mißbräuchen geführt habe. Die Voraussetzungen, unter welchen die Einzelkopie gestattet wird, sind auch so eng gefaßt, daß für eine mißbräuchliche Anwendung kaum ein Raum ist.

1. Eigener Gebrauch.

Im Gegensatze zu § 15 Abs. 2 des literarischen Urheberrechtsgesetzes wird hier von eigenem Gebrauch gesprochen, während in ersterem das Gesetz von persönlichem Gebrauch spricht. Der eigene Gebrauch ist nicht identisch mit dem persönlichen Gebrauch. Die Verschiedenheit der Ausdrucksweise hat ihren Grund darin, daß die Praxis die Bestimmung des § 15 des literarischen Urheberrechtsgesetzes dahin auslegte, daß auch dann noch ein persönlicher Gebrauch vorhanden sei, wenn die Einzelkopie in einem engeren Kreise verbreitet werde.

Gestattet ist daher nur der auf die eigene Person beschränkte Gebrauch desjenigen, welcher die Einzelkopie entweder selbst hergestellt hat oder hat herstellen lassen. Daher ist es unzulässig, daß die in einem Atelier seitens des Künstlers hergestellte Einzelkopie ausgestellt wird oder daß von ihr Exemplare an engere Bekannte abgegeben werden, wenn auch unentgeltlich. Auch die unentgeltliche Abgabe seitens des herstellenden Künstlers an seine Schüler ist unstatthaft. Ein eigener Gebrauch ist zunächst derjenige zu Zwecken des Studiums, ferner aber auch derjenige zum Zwecke des Unterrichts, wie auch derjenige zu Zwecken des ästhetischen Genusses. Wer sich von einem Gemälde eine Handkopie herstellt, dieselbe in seiner Wohnung aufstellt und sich daran erfreut, handelt nicht unerlaubt. Unter den Begriff des eigenen Gebrauchs fällt auch der Erwerb aus dem Nachlaß des Besitzers, während die Veräußerung ebenso unstatthaft ist wie das Verschenken.

2. Unentgeltlichkeit.

Nur die unentgeltliche Einzelkopie ist gestattet. Daher fällt die Herstellung einer Einzelkopie für einen Dritten, welcher hierfür eine Vergütung entrichtet, nicht unter diese Bestimmung. Dieser Fall ist verschieden von demjenigen, in welchem sich jemand eine

Einzelkopie durch eine in seinen Diensten stehende Person anfertigen läßt, welche von ihm auf Grund des Dienstvertrags Lohn oder Gehalt erhält. Die Herstellung einer Photographie durch den Privatsekretär, welcher gleichzeitig Amateurphotograph ist, kann dieserhalb nicht beanstandet werden, im Gegensatze zu der Herstellung durch einen Berufsphotographen, welcher für die Aufnahme ein Honorar erhält.

3. Nachbauen.

Der Begriff des Nachbauens ist der gleiche wie im § 15. Das Nachbauen zu eigenem Gebrauch ist unter allen Umständen unzulässig, auch dann, wenn es unentgeltlich erfolgt. Bei der Beratung des Gesetzentwurfes in der Reichstagskommission ist in Übereinstimmung mit den Wünschen der Architekten hierauf besonderer Wert gelegt worden; man hat namentlich darauf hingewiesen, daß in der Praxis der Unfug des Nachbauens von geschützten Bauwerken gar nicht selten vorkomme und dem Architekten ein nicht wieder gutzumachender Schaden zugefügt werden könne, wenn man das Nachbauen zum eigenen Gebrauch gestatte. Ob das Nachbauen nach dem ausgeführten Bauwerk selbst oder nach den Plänen erfolgt, welche in einer Fachzeitschrift veröffentlicht worden sind, ist gleichgültig (Osterrieth S. 139). Statthaft ist dagegen, wenn ein Interessent sich ein Modell eines Bauwerks, gleichviel in welchem Material, anfertigt oder anfertigen läßt, oder eine Zeichnung, einen Riß oder eine Abbildung.

II. Vervielfältigung bestellter Bildnisse.

Nach § 8 des früheren Kunstschutzgesetzes vom 9. Januar 1876 ging bei Porträts und Porträtbüsten im Falle der Überlassung des Eigentums auch das Nachbildungsrecht auf den Besteller über. An die Stelle dieser Vorschrift ist die Bestimmung des zweiten Absatzes getreten, wonach bei Bildnissen dem Besteller und seinem Rechtsnachfolger gestattet ist, das Werk zu vervielfältigen, es sei denn, daß ein anderes vereinbart worden ist. Das Gesetz verlangt nicht, daß die Vervielfältigung, wenn der Besteller sie durch einen

Dritten bewirken läßt, unentgeltlich geschieht. Insoweit geht das Recht des Bestellers des Bildnisses weiter als das Recht desjenigen, dem nach Abs. 1 die Nachbildung eines Werks für eigenen Gebrauch gestattet ist. Dem Wunsche der Berufsphotographen, daß dem Besteller eines photographischen Bildnisses ein selbständiges Vervielfältigungsrecht nicht gewährt werde, hat das Gesetz nicht entsprochen; allerdings ist nicht bestritten worden, daß die gewerbsmäßige Nachbildung von photographischen Bildnissen einen sehr großen Umfang angenommen habe und dadurch demjenigen Photographen, welcher die Originalaufnahme gemacht hat, eine empfindliche Konkurrenz bereitet werden kann. Man hat aber andererseits erwogen, daß der Besteller ein natürliches Interesse daran hat, über das ihm gelieferte Bildnis frei verfügen zu können, und daß es nicht angehe, ihn an die Zustimmung des Photographen zu binden, wenn er aus persönlichen oder sachlichen Gründen die Vervielfältigung einem anderen als dem die Aufnahme machenden zu übertragen wünscht. Da im Gegensatze zu dem früheren Gesetze das Urheberrecht auch bei bestellten Bildnissen dem Photographen verbleibt, so sind die Vervielfältigungen, abgesehen von § 18 Abs. 2, und die gewerbsmäßige Verbreitung des Bildnisses von seiner Zustimmung abhängig.

In den seit dem Erlaß des Gesetzes verflossenen Jahren sind diese Wünsche aus Kreisen der Berufsphotographen wieder mehrfach zum Ausdruck gekommen, es kann aber vorab als ausgeschlossen erachtet werden, daß die Gesetzgebung darauf eingehen wird.

1. Bildnisse.

Zu den Bildnissen gehören alle Darstellungen einer oder mehrerer Personen, sowohl lebender Personen als auch verstorbener Personen, insbesondere also Porträts, Porträtbüsten, Statuen, Photographien, Gemälde usw. Dagegen gehören nicht dazu Darstellungen von Landschaften oder von bestimmten Vorgängen, auf welchen das Personenbild nicht wesentlich ist, sondern nur als Staffage erscheint. Eine Landschaft mit dem Bilde einer bestimmten Persönlichkeit ist kein Bildnis. Ebensowenig die Darstellung eines Eisenbahnzuges vor der Abfahrt mit der Abbildung der an den Fenstern sich befindenden Personen. Die Karikatur fällt nicht unter den Begriff des Bildnisses. Zwischen dem Einzelbild und dem Gruppenbild besteht kein Unterschied.

2. Der Besteller.

Besteller ist derjenige, welcher den Auftrag zu der Anfertigung des Bildes gibt. Liegt ein Werkvertrag im Sinne des BGB. vor, so ist der Besteller im Sinne des § 18 auch der Besteller im Sinne des BGB. Wird das Werk unentgeltlich hergestellt, so ist der Besteller derjenige, welchem gegenüber der Künstler sich zur Herstellung des Bildnisses verpflichtet hat. Ist ein Werk in der Weise hergestellt worden, daß der Abgebildete dem Künstler nur als Modell gedient hat, so läßt sich der Begriff des Bestellers hierauf nicht anwenden. Der Besteller kann mit dem Abgebildeten identisch sein, braucht es aber nicht zu sein.

Rechtsnachfolger des Bestellers ist derjenige, welcher das Bildnis erwirbt, gleichviel, ob durch entgeltlichen Vertrag oder durch Schenkung oder im Wege des Erbrechts.

Das Vervielfältigungsrecht des Bestellers sowie seiner Rechtsnachfolger ist in Ansehung seines Umfanges ein unbeschränktes, sachlich insofern ein beschränktes, als zwischen der Vervielfältigung bei bestellten Personenbildern, die nicht Werke der bildenden Kunst sind, und solchen, die hierunter fallen, ein Unterschied besteht. Bei letzteren kann die Vervielfältigungsbefugnis sofort vorgenommen werden, der Besteller einer Photographie kann also ohne weiteres von einem anderen Photographen sein Bild vervielfältigen lassen; die gleiche Befugnis steht den Rechtsnachfolgern zu.

3. Bildnisse der bildenden Kunst.

In Bezug auf die Bildnisse, welche unter die Werke der bildenden Kunst fallen, ist zu unterscheiden, ob in dem Zeitpunkt der Vervielfältigung der Urheber noch lebt oder bereits verstorben ist.

a) Wenn der Urheber noch lebt, so darf der Besteller die Vervielfältigung nur im Wege der Photographie vornehmen. Der Besteller des Ölbildnisses ist ohne Genehmigung des Urhebers während dessen Lebzeiten nicht befugt, die Vervielfältigung durch Gemälde vorzunehmen oder vornehmen zu lassen, soweit es sich nicht um die Kopie zum eigenen Gebrauch handelt.

b) Ist der Urheber gestorben, so kann der Besteller die Vervielfältigung in jeder Form vornehmen lassen.

Aus der Vervielfältigungsbefugnis ergibt sich, daß der Besteller des Bildes auch das Recht hat, dasselbe zu irgendwelchen Zwecken weiterzugeben. Er kann beispielsweise das Bild einer Zeitschrift überlassen, welche es veröffentlichen will, er kann es verschenken; lediglich die gewerbsmäßige Verwertung oder Vorführung ist ihm untersagt. Die Befugnis zur Vervielfältigung, welche von Kohler als Vervielfältigungslizenz bezeichnet wird, beeinflußt natürlich das Urheberrecht des Künstlers nicht, diesem bleibt dasselbe auch bei bestellten Bildnissen vollständig vorbehalten.

III. Bezeichnungsverbot.

Es ist verboten, sowohl auf der Einzelkopie wie auch auf den an sich gestatteten Vervielfältigungen den Namen oder die sonstige Bezeichnung des Künstlers in verwechslungsfähiger Weise anzubringen.

1. Der Name.

Die Bedeutung ist die gleiche wie bei § 13. Dem bürgerlichen Namen steht der Namenszug und das anerkannte künstlerische Pseudonym gleich.

2. Sonstige Bezeichnungen.

Hier kommt das künstlerische Signet in Betracht.

3. Verwechselungsfähigkeit.

Das Gesetz bezweckt, zu verhindern, daß die erlaubten Vervielfältigungen mit dem Original verwechselt werden können; dieserhalb ist nicht jede Bezeichnung der Vervielfältigung mit dem

Namen oder der besonderen Bezeichnung des Urhebers des Originals verboten, sondern nur diejenige, welche geeignet ist, Verwechselungen hervorzurufen. Es genügt die objektive Verwechselungsfähigkeit. Eine auf Herbeiführung einer Verwechselung gerichtete Absicht wird nicht erfordert, ebensowenig, daß eine Verwechselung schon hervorgerufen worden ist. Bei der Frage der objektiven Verwechselungsfähigkeit ist auf die durchschnittliche Aufmerksamkeit der Interessentenkreise Rücksicht zu nehmen, die Grundsätze, welche die Rechtsprechung zu § 16 des UWG. herausgearbeitet hat, können unter Berücksichtigung der Verschiedenheit der Materien entsprechend Anwendung finden. Es muß auch hier vor allem beachtet werden, daß es die Pflicht desjenigen ist, welcher eine Vervielfältigung nach dem Original herstellt, in zweifelsfreier Weise zum Ausdruck zu bringen, daß es sich nicht um das Original, sondern eben um die Vervielfältigung handelt, des weiteren, daß die Aufmerksamkeit der Interessenten im allgemeinen keine sehr große ist und dieselben geneigt sind, wenn die Vervielfältigung den Namen oder die besondere Bezeichnung des Urhebers des Originals ohne weiteren Zusatz enthält, anzunehmen, daß es sich um das Original handelt. Man kann daher allerdings behaupten, daß ohne die Angabe eines solchen Zusatzes die Vermutung für die Verwechselungsfähigkeit spricht.

§ 19.

Zulässig ist die Vervielfältigung und Verbreitung, wenn einzelne Werke in eine selbständige wissenschaftliche Arbeit oder in ein für den Schul- oder Unterrichtsgebrauch bestimmtes Schriftwerk ausschließlich zur Erläuterung des Inhalts aufgenommen werden. Auf Werke, die weder erschienen noch bleibend öffentlich ausgestellt sind, erstreckt sich diese Befugnis nicht.

Wer ein fremdes Werk in dieser Weise benutzt, hat die Quelle, sofern sie auf dem Werke genannt ist, deutlich anzugeben.

I. Aufnahme einzelner Werke in eine selbständige wissenschaftliche Arbeit.

Im Anschluß an § 19 Ziff. 2 des literarischen Urheberrechtsgesetzes, jedoch in Abweichung von dem früher geltenden Gesetz vom 9. Januar 1876, wird die Aufnahme einzelner Werke der bildenden Kunst in ein Schriftwerk geregelt. Gegenüber dem letztgenannten Gesetz ist die Einschränkung gemacht worden, daß es sich bei dem Schriftwerk um eine selbständige wissenschaftliche Arbeit oder ein für den Schul- oder Unterrichtsgebrauch bestimmtes Werk handelt. Eine derartige Einschränkung ist für erforderlich erachtet worden, um zu verhüten, daß unter dem Vorwand einer selbständigen Arbeit eine die Interessen des Urhebers schädigende Ausbeutung künstlerischer oder photographischer Abbildungen stattfinde. Die Bestimmung kann als eine Sonderbeschränkung zugunsten des gesellschaftlichen Zwecks aufgefaßt werden (Kohler, Kunstwerkrecht S. 62). Dem gesellschaftlichen Zweck der wissenschaftlichen Forschung und des Unterrichts wird dadurch gedient, daß auch geschützte Bilder in ein Schriftwerk aufgenommen werden können.

1. Werk.

Der Begriff des Werkes ergibt sich aus den §§ 1 bis 4 des Gesetzes. Es werden darunter Werke der bildenden Künste, der

Photographie und des Kunstgewerbes verstanden, und zwar sowohl die Werke als Ganzes als auch einzelne Teile derselben. Das aufzunehmende Werk muß mit dem Schriftwerk ein einheitliches Ganzes bilden.

2. Einzelne Werke.

Das Gesetz beschränkt die Befugnis auf die Aufnahme einzelner Werke. Ausgeschlossen ist also die Aufnahme eines Zyklus. Der Ausdruck „Einzelne Werke“ ist nicht dahin zu verstehen, daß es sich um einzeln erschienene Werke handelt, sondern vielmehr in dem Sinne, daß darunter Werke desselben Urhebers oder verschiedener Urheber verstanden werden. Dies ist bei der Beratung des Gesetzes in der Reichstagskommission ohne Widerspruch festgestellt worden und entspricht auch dem Zweck der Sonderbestimmung. Von Fall zu Fall ist mit Rücksicht auf den Inhalt und die Art des Schriftwerkes zu entscheiden, wieviel Werke demselben beigefügt werden können. Die Aufnahme von Serien ist regelmäßig als unzulässig zu bezeichnen.

3. Selbständige wissenschaftliche Arbeit.

Unter einer selbständigen wissenschaftlichen Arbeit ist nur diejenige zu verstehen, welche durch die in ihr verkörperte eigene Geistestätigkeit die wissenschaftliche Forschung zu fördern geeignet erscheint. Nach der Rechtsprechung des Reichsgerichts ist der Inhalt einer Geistesarbeit dann als wissenschaftlich aufzufassen, wenn er nach Art der Erörterung und Darstellung offensichtlich einem wissenschaftlichen Zweck dienen soll und hierzu eine eigenartige selbständige Behandlung des Stoffes in systematischer, nach durchgreifenden Hauptgedanken geordnete Darstellung im wesentlichen zum Zweck der Belehrung zum Ausdruck kommt (RGZ. 22, 59; 36, 192). Ob der wissenschaftliche Zweck erreicht wird oder nicht, ist bedeutungslos.

Es besteht kein Bedenken, auch eine volkstümliche wissenschaftliche Darstellung hierher zu zählen, sofern eine logische Gedankenfolge festgestellt werden kann. Schriftwerke, welche der

Unterhaltungsliteratur angehören, sind keine wissenschaftlichen Arbeiten. Andererseits können auch die Darstellungen in Form von Reisebriefen unter Umständen solche sein. Bei einem lexikalischen Werk, welches als solches eine selbständige wissenschaftliche Arbeit nicht darstellt, ist die Verwertung eines Werks für einen einzelnen Artikel dadurch bedingt, daß derselbe als selbständige wissenschaftliche Arbeit anzusehen ist.

In der Praxis macht die Unterscheidung zwischen Schriftwerken, welche selbständige wissenschaftliche Arbeiten sind, und solchen, auf welche dieser Begriff nicht angewendet werden kann, manchmal erhebliche Schwierigkeiten. Die Grenze ist eine flüssige. Die ausschließliche Berücksichtigung der Form führt zu falschen Ergebnissen, denn es ist möglich, auch streng wissenschaftliche Probleme in gefälliger Form auf der Grundlage einer streng logischen Gedankenfolge darzustellen.

4. Schul- oder Unterrichtsgebrauch.

Es gehören nur Werke hierher, welche ausschließlich für den Gebrauch in der Schule oder des Unterrichts bestimmt sind, nicht auch Werke für das Selbststudium, weil sonst die Ausnahme sich auf alle wissenschaftlichen Werke erstrecken würde. Soweit ein für das Selbststudium bestimmtes Werk eine selbständige wissenschaftliche Arbeit ist, kann die Entlehnung gleichwohl erfolgen. Ob das Werk für den höheren oder niederen Unterricht bestimmt ist, ist gleichgültig, ebenso wie der Umstand, daß es von den Schulen aus irgendwelchen Gründen nicht angenommen ist.

5. Ausschließlich zur Erläuterung des Inhaltes.

In jedem Falle kann die Entlehnung nur zum Zwecke der Erläuterung des Inhaltes erfolgen. Das Verhältnis des Schriftwerkes zur Abbildung muß dasjenige der Hauptsache zu der Nebensache sein, das Schriftwerk muß das maßgebliche sein, und die Abbildung muß zu dem Inhalt in einem inneren Zusammenhang dergestalt stehen, daß sie bezweckt, den

Inhalt zu veranschaulichen bezw. verständlich zu machen. Ist der Text nicht die Hauptsache, sondern nur von nebensächlicher Bedeutung, so ist die Aufnahme verboten, das Bild selbst braucht nicht eine wissenschaftliche Darstellung zu sein. Die Aufnahme eines geschützten Gemäldes in ein historisches Werk, die auch fortbleiben kann, ohne daß hierdurch die Verständlichkeit des Werkes beinträchtigt wird, ist nicht schlechthin statthaft (Osterrieth S. 150).

6. Auf welche Werke erstreckt sich die Befugnis?

Werke, welche nicht bereits erschienen sind oder welche nicht bleibend öffentlich ausgestellt sind, können ohne Zustimmung des Urhebers überhaupt nicht aufgenommen werden. Als bleibend öffentlich ausgestellt sind anzusehen: Werke auf öffentlichen Straßen und Plätzen, ferner solche in öffentlichen Gemäldesammlungen, Museen, Kirchen usw. Unzulässig ist dagegen die Aufnahme des in einer Privatsammlung aufgestellten Werkes auch dann, wenn die Sammlung zeitweise zur Besichtigung freigegeben ist, z. B. an bestimmten Tagen, an welchen eine Führung durch Sachverständige stattfindet, oder während einer zeitlich beschränkten Feier oder Veranstaltung.

Der Begriff des Erscheinens ist derselbe wie in § 9.

Weil die öffentliche Aufstellung eine bleibende sein muß, erstreckt sich die Entlehnungsbefugnis auch nicht auf Werke, die während einer allgemeinen Ausstellung vorübergehend aufgestellt worden sind.

II. Quellenangabe.

1. Inhalt.

Die obligatorische Quellenangabe muß eine vollständig deutliche sein; deutlich ist sie aber nur dann, wenn ohne weiteres daraus der Name des Urhebers und das Werk zu erkennen ist, aus welchem die Entlehnung stattgefunden hat. Eine Angabe des Verlegers kann nicht schlechthin verlangt werden. Ob die abgekürzte Quellenangabe eine genügende ist, läßt sich nur von Fall zu Fall beurteilen.

Für zahlreiche Fälle ist die Zulässigkeit der Abkürzung zu verneinen.

2. Ort.

Die Quellenangabe braucht nicht auf dem Werk selbst zu erfolgen, die Angabe im Text des Schriftwerkes genügt ebenso wie die Angabe im Inhaltsverzeichnis. In wissenschaftlichen Anmerkungen vermutet man die Quellenangabe nicht. Dieserhalb ist regelmäßig die Angabe an dieser Stelle auch nicht genügend.

3. Strafrechtliche Folgen der Unterlassung.

Nach § 40 des Gesetzes ist die Unterlassung der Quellenangabe eine Übertretung, welche mit der daselbst vorgesehenen Geldstrafe bestraft wird.

§ 20.

Zulässig ist die Vervielfältigung von Werken, die sich bleibend an öffentlichen Wegen, Straßen oder Plätzen befinden, durch malende oder zeichnende Kunst oder durch Photographie. Die Vervielfältigung darf nicht an einem Bauwerk erfolgen.

Bei Bauwerken erstreckt sich die Befugnis zur Vervielfältigung nur auf die äußere Ansicht.

Soweit ein Werk hiernach vervielfältigt werden darf, ist auch die Verbreitung und Vorführung zulässig.

I. Vervielfältigung der Werke auf öffentlichen Straßen.
   1. Bleibende Aufstellung.
   2. Öffentliche Wege, Straßen und Plätze.
   3. Vervielfältigung durch malende oder zeichnende Kunst.
   4. Vervielfältigung durch Photographie.

II. Vervielfältigung von Bauwerken.
   1. Äußere Ansicht.
   2. Innere Gestaltung.
   3. Aufnahme in Sammlungen.

I. Vervielfältigung der Werke auf öffentlichen Straßen.

Die Bestimmung enthält ebenfalls eine Sonderbeschränkung, und zwar, wie Kohler ausführt, eine Sonderbeschränkung zum Zwecke des sozialen Zusammenhangs. Es soll dadurch gestattet werden, einen Eindruck der öffentlichen Plätze künstlerisch wiederzugeben, und zwar sowohl im ganzen als auch im einzelnen. Das Gesetz hat es für richtig erachtet, das Interesse des Urhebers gegenüber den hier in Frage kommenden allgemein-kulturellen und sonstigen Rücksichten zurücktreten zu lassen. Die Bestimmung hat eine besonders praktische Bedeutung für die Postkartenindustrie. Im Hinblick auf die in § 6 Ziff. 3 des Kunstschutzgesetzes vom 9. Jan. 1876 enthaltene Vorschrift und zur Beseitigung von Zweifeln, zu welchen die Auslegung derselben Anlaß gegeben hatte, ist durch die neue Vorschrift klargestellt worden, daß die plastische Vervielfältigung von Werken, die sich an öffentlichen Wegen, Straßen usw. befinden, ausgeschlossen ist.

1. Bleibende Aufstellung.

Nur solche Werke fallen unter die Bestimmung, welche für die Dauer aufgestellt oder ausgelegt sind, also nicht diejenigen, die nur vorübergehend sich auf öffentlichen Straßen usw. befinden, daher gehören nicht hierher die während einer Ausstellung aufgestellten Ausstellungshäuser, ferner nicht die während eines Festzuges aufgestellten oder ausgelegten Werke. Gleichgültig ist es, ob das Aufstellen oder Ausstellen am öffentlichen Platz berechtigt ist oder nicht. Auch wenn die Aufstellung oder Auslegung unberechtigt war, kommt die Anwendung des Paragraphen in Betracht. Auch wenn der Gegenstand, weil seine Aufstellung unberechtigterweise erfolgte, später von dem öffentlichen Platz entfernt worden ist, darf die aus früherer Zeit herrührende Photographie noch verbreitet werden.

2. Öffentliche Wege, Straßen und Plätze.

Ausgeschlossen sind die in Privatgrundstücken oder Privatanlagen ausgestellten oder ausgelegten Werke; eine Vervielfältigung von Denkmälern, die in einem Privatpark aufgestellt sind, ist auch dann unzulässig, wenn dieser dem Publikum zur Benutzung zugänglich ist. Der Begriff des öffentlichen Weges, der öffentlichen Straße und des öffentlichen Platzes deckt sich nicht mit dem Begriff im Sinne des Wegerechts, er kann weitergehen wie der wegerechtliche Begriff, welcher sich aus den in den einzelnen Ländern geltenden Wegerechtsgesetzen ergibt. In der Kommission des Reichstags wurde die Frage erörtert, ob ein Friedhof als ein öffentlicher Platz anzusehen sei oder nicht. Die Frage ist regelmäßig zu bejahen, wie dies auch in der Kommissionsberatung geschehen ist, auch bezüglich der konfessionellen Friedhöfe. Dagegen sind die auf den Friedhöfen vorhandenen Begräbnisstätten, welche abgeschlossen und von der Straße nicht sichtbar sind, ebensowenig unter Abs. 1 zu stellen wie Kapellen unter der gleichen Voraussetzung.

Es gehört nicht zum Wesen des öffentlichen Wegs, der öffentlichen Straße und des öffentlichen Platzes, daß der Zugang der Allgemeinheit ohne besondere Erlaubnis möglich ist.

Auch Werke, die unter einer Überdachung aufgestellt sind, fallen unter die Bestimmung, beispielsweise ein Denkmal, das sich auf einer überdachten, dem öffentlichen Verkehr dienenden Brücke befindet.

Das Werk muß a n einer öffentlichen Straße oder einem öffentlichen Platz bleibend aufgestellt sein. Daraus ergibt sich, daß ausgeschlossen sind diejenigen Werke, welche n i c h t u n m i t t e l b a r an dem öffentlichen Weg angebracht sind. Ist das Werk auf einem Privatgrundstück angebracht, welches von der öffentlichen Straße getrennt ist, so ist die Aufnahme insoweit verboten, als dieselbe ein Betreten des Privatgrundstücks erfordern würde.

Auch in der französischen Rechtsprechung ist der Grundsatz der Zulässigkeit der Vervielfältigung von auf öffentlichen Straßen usw. aufgestellten Werken anerkannt; vgl. das bei Kohler S. 65 Anm. 18 mitgeteilte Urteil des Seine-Tribunals, durch welches das Verlangen des Ingenieurs und Erbauers des Eiffelturms, ausschließlich Photographien vom Eiffelturm herstellen zu dürfen, abgewiesen wurde.

3. Vervielfältigung durch malende und zeichnende Kunst.

Die Vervielfältigung ist nur insoweit gestattet, als es sich um die Wiedergabe durch die Malerei, Zeichnung, Photographie und verwandte Wiedergabeverfahren handelt. Unzulässig ist die plastische Vervielfältigung auch in verkleinertem Maßstabe, unzulässig ist auch die Vervielfältigung durch ein kunstgewerbliches Verfahren, welches nicht zur malenden oder zeichnenden Kunst gehört.

4. Vervielfältigung durch Photographie.

Zu der Photographie gehören auch die derselben verwandten Reproduktionsverfahren.

5. Unstatthafte Vervielfältigung an einem Bauwerk.

Die Vervielfältigung darf weder an der Außenseite noch im Innern eines Bauwerks erfolgen. Es ist also auch unzulässig, das Werk an der Hoffassade anzubringen; auch durch die malende oder zeichnende Kunst darf das publike Werk nicht an einem Bauwerk angebracht werden, es ist also beispielsweise nicht erlaubt, die auf öffentlicher Straße sich befindliche Büste als Wandgemälde an der Fassade des Gebäudes anzubringen, ebenso nicht ein Fresko, welches an einem auf öffentlichem Platze befindlichen Bauwerk angebracht ist; derselbe kann allerdings photographiert oder abgezeichnet werden, er darf aber nicht wieder an einem Bauwerk Aufnahme finden.

II. Vervielfältigung von Bauwerken.

1. Äußere Ansicht.

Die Befugnis zur Vervielfältigung von Bauwerken auf öffentlichen Straßen, Plätzen usw. erstreckt sich nur auf die äußere Ansicht. Es ist also zwar zulässig, die Fassade, soweit sie an der öffentlichen Straße liegt, zu vervielfältigen und was dazu gehört, dagegen nicht das Treppenhaus, die Höfe, die von außen nicht sichtbaren Loggien, nicht die Feldherrenhalle eines Museums, nicht einen Museumssaal usw.

Was nicht zur äußeren Ansicht gehört, darf auch nicht von einem Amateurphotographen ohne Erlaubnis des Urhebers wiedergegeben werden.

Daß die Wiedergabe vermittels der Photographie, der Malerei oder der Zeichnung nicht die Folge hat, daß das Nachbauen des Bauwerks selbst gestattet wäre, ergibt sich schon aus § 18 des Gesetzes.

2. Innere Gestaltung.

Dazu gehört die ganze Innendekoration; ohne Erlaubnis des Urhebers kann also dieselbe weder nachgemalt noch nachgezeichnet noch nachphotographiert werden, beispielsweise nicht die geschützten Gemälde in dem Prunksaal eines Rathauses oder die Fresken in einem Ratskeller oder die Treppengemälde in dem Treppenhaus eines Museums.

3. Aufnahme in Sammlungen.

Soweit die Vervielfältigung nach vorstehendem zulässig ist, bezieht sie sich nicht nur auf die nicht gewerbsmäßige, sondern auch auf die g e w e r b s m ä ß i g e. Der Berufsphotograph steht insoweit dem Amateurphotographen gleich. Auch die Vereinigung der hergestellten Ansichten in einer Sammlung ist statthaft. Ein hiergegen gerichteter Antrag wurde in der Reichstagskommission zurückgezogen, nachdem von der Regierung mit Recht erklärt worden war, daß insbesondere bei Bauwerken eigentlich nur eine bildliche Wiedergabe der einzelnen Teile, wie Front, Seitenteile usw., nicht aber die Wiedergabe des Gesamtwerks möglich sei, und daß durch ein Verbot der Vereinigung mehrerer Ansichten eines Werkes zu einer Sammlung insbesondere die Herausgabe mehrerer hervorragender Bauwerke erschwert werden würde.

4. Bezeichnungszwang.

Obwohl bei der Beratung des Gesetzes in der Reichstagskommission ein Antrag abgelehnt wurde, welcher den Bezeichnungszwang hierfür einführen wollte, ist gleichwohl nicht zu bezweifeln, daß derjenige, welcher ein Werk in der vorbezeichneten Weise vervielfältigt, verpflichtet ist, den Namen des Urhebers anzugeben, wenn derselbe auf dem Teile des Werkes angebracht ist, welcher an der öffentlichen Straße usw. sich befindet. Dies ergibt sich aus dem Persönlichkeitsrecht der Urheberschaftsanerkennung (vgl. Kohler S. 139/140, Osterrieth S. 160). Jeder Künstler kann verlangen, daß sein Werk und auch die zulässige Vervielfältigung mit seinem Namen bezeichnet wird. Selbstverständlich darf die Angabe des Namens des Künstlers nicht in verwechselungsfähiger Weise angebracht werden, der Nachbildende darf also den Namen nicht dergestalt anbringen, daß daraus geschlossen werden könnte, der Urheber selbst hätte die Photographie, die Radierung usw. angefertigt oder dieselbe sei mit seiner Erlaubnis angefertigt worden.

§ 21.

Eine Vervielfältigung auf Grund der §§ 19, 20 ist nur zulässig, wenn an dem wiedergegebenen Werke keine Änderung vorgenommen wird. Jedoch sind Übertragungen des Werkes in eine andere Größe und solche Änderungen gestattet, welche das für die Vervielfältigung angewendete Verfahren mit sich bringt.

I. Integrität des Werkes.
II. Zulässige Änderungen.
1. Übertragung der Größe.
2. Änderung mit Rücksicht auf das Verfahren.

I. Integrität des Werkes.

Aus dem Persönlichkeitsrecht des Künstlers ergibt sich, daß auch bei Vornahme der nach den §§ 19 und 20 erlaubten Vervielfältigungen Änderungen an dem Werke selbst nicht gestattet sind, weil dieselben mit diesem Recht im Widerspruch stehen würden. Auch nach § 24 des literarischen Urheberrechtsgesetzes ist die Vervielfältigung eines fremden Werkes auf Grund der §§ 19 bis 23 nur zulässig, wenn an den wiedergegebenen Teilen keine Änderungen vorgenommen werden. Das Änderungsverbot betrifft sowohl die Aufnahme eines Kunstwerks in ein Schriftwerk als auch die Vervielfältigung eines auf öffentlichen Straßen, Plätzen usw. aufgestellten Kunstwerks. Es wird nicht unterschieden zwischen wesentlichen und unwesentlichen Änderungen, auch nicht zwischen solchen, welche sich auf die künstlerische Idee (Konzeption) beziehen, und solchen, welche die künstlerische Ausführung zum Gegenstand haben, soweit es sich nicht um Änderungen handelt, die durch das Vervielfältigungsverfahren bedingt sind. Jede Vervielfältigung, welche mit Änderungen verbunden ist, bei denen die in § 21 aufgestellten Schranken überschritten sind, hat zur Folge, daß die Vervielfältigung als eine unrechtmäßige Handlung erscheint, und zieht die zivil- wie die strafrechtlichen Folgen der unerlaubten Vervielfältigung nach sich.

II. Zulässige Änderungen.

1. Übertragung der Größe.

Das Änderungsverbot besteht insoweit nicht, als es sich um die durch die Größenverhältnisse bedingten Änderungen handelt. Hierbei ist zu beachten, daß solche Änderungen, welche durch die Größenverhältnisse nicht durchaus notwendig gemacht werden, auch dann unstatthaft sind, wenn zu ihren Gunsten das Bequemlichkeitsinteresse oder das Nützlichkeitsinteresse angeführt werden kann.

2. Änderung mit Rücksicht auf das Verfahren.

Auch diejenigen Änderungen sind gestattet, welche durch technische Rücksichten erforderlich werden, weil das für die Vervielfältigung angewendete Verfahren dieselben verlangt. Als eine derartige Änderung kommt beispielsweise in Betracht die Ersetzung einer Farbe durch eine andere oder durch eine Kombination solcher.

§ 22.

Bildnisse dürfen nur mit Einwilligung des Abgebildeten verbreitet oder öffentlich zur Schau gestellt werden. Die Einwilligung gilt im Zweifel als erteilt, wenn der Abgebildete dafür, daß er sich abbilden ließ, eine Entlohnung erhielt. Nach dem Tode des Abgebildeten bedarf es bis zum Ablaufe von zehn Jahren der Einwilligung der Angehörigen des Abgebildeten. Angehörige im Sinne dieses Gesetzes sind der überlebende Ehegatte und die Kinder des Abgebildeten, und wenn weder ein Ehegatte noch Kinder vorhanden sind, die Eltern des Abgebildeten.

I. Das Recht am eigenen Bild.

II. Verbreitung und öffentliche Schaustellung von Bildnissen.
1. Bildnisse.
2. Karikaturen.
3. Einwilligung des Abgebildeten.
4. Verbreitung.
5. Öffentliche Schaustellung.
6. Vermutung für die Einwilligung.

III. Schutzdauer.
1. Während des Lebens.
2. Nach dem Tode.
3. Einwilligung der Angehörigen.
4. Rechtsschutz.

I. Das Recht am eigenen Bild.

In den §§ 22 bis 24 ist das Recht am eigenen Bild geregelt worden. Es ist das Verdienst Keyßners, in seiner im Jahre 1896 erschienenen Abhandlung „Das Recht am eigenen Bild" die Aufmerksamkeit auf die Notwendigkeit einer Anerkennung dieses

Rechts gelenkt zu haben. In den Verhandlungen des 26. Deutschen Juristentags wurde dann die Frage auf Grund der Gutachten von Keyßner und Gareis behandelt.

Die Veröffentlichung der Abhandlung von Keyßner gab zu einer sehr reichen Literatur Anlaß, und auch nach dem Erlaß des Gesetzes wurde die Frage in der Literatur vielfach behandelt. Eine strenge Kritik an der Regelung, wie dieselbe in dem Gesetz enthalten ist, übt Kohler, Kunstwerkrecht S. 157 ff. Kohler leitet aus dem Persönlichkeitsrecht die Forderung ab, daß eine Veröffentlichung des Bildes unstatthaft ist, wenn sie in einer herabsetzenden oder die Diskretion des menschlichen Innenlebens verletzenden Weise erfolgt. Nach seiner Auffassung gehört also die Regelung überhaupt nicht in das Kunstschutzgesetz, weil es sich nicht um ein Recht des Künstlers an seiner Schöpfung handelt. Die Veröffentlichung des eigenen Bildes ist nach Kohler nur eine der vielen Formen, in welchen man die Persönlichkeit antasten kann, daher gehöre die ganze Lehre dem Persönlichkeitsrecht an und die Grenzen könnten nur aus der Betrachtung des Persönlichkeitsrechts heraus ermittelt werden. Das geltende Gesetz steht nicht auf diesem Standpunkt.

Zugunsten der Regelung wurde bei der Beratung ausgeführt, dieselbe rechtfertige sich durch die Erwägung, daß es sich hierbei um die Einschränkung der Befugnisse des Urhebers des Bildnisses handle; grundsätzlich sei die Verbreitung und öffentliche Schaustellung von Bildnissen an die Einwilligung des Abgebildeten zu knüpfen, und es mache keinen Unterschied, ob das Bildnis auf Bestellung oder ohne solche hergestellt wurde, auch das Bestehen eines Urheberschutzes sei belanglos. Andererseits müsse die Herstellung und Nachbildung des Bildnisses wie bisher freibleiben; erst die Verbreitung und öffentliche Schaustellung solle an die Einwilligung geknüpft werden. Die Bestimmung des § 22 hat in der seit dem Erlaß des Gesetzes verflossenen Zeit im Verhältnis nicht selten Anwendung gefunden, die Rechtsprechung ist hierbei im großen und ganzen den Absichten der Gesetzgebung gerecht geworden.

II. Verbreitung und öffentliche Schaustellung von Bildnissen.

1. Bildnisse.

Das Bildnis ist die Darstellung einer bestimmten Persönlichkeit dergestalt, daß die Identität derselben durch die Darstellung zum Ausdruck gebracht werden soll. Das Bildnis muß dem Urbild, d. h. der abgebildeten Persönlichkeit, ähnlich sein, die Darstellung einer Person, welche aus dem Bildnis nicht erkenntlich ist, ist kein Bildnis. Dagegen ist es gleichgültig, ob das Bildnis künstlerischen Wert hat oder nicht. Unter dem Gesichtspunkt des § 22 hat die Photographie, welche von dem Schnellphotographen in drei Minuten hergestellt wird, genau dieselbe Bedeutung wie das Gemälde des größten Künstlers, welches derselbe auf Grund einer Reihe von Sitzungen der abgebildeten Persönlichkeit geschaffen hat. Bei der Frage, ob ein Bildnis einer Persönlichkeit vorhanden ist oder nicht, ist von entscheidender Bedeutung die Wiedergabe des Gesichts. Ob die abgebildete Persönlichkeit lediglich mit dem Kopfe oder als ganze Figur dargestellt ist, ist ebenso bedeutungslos wie der Umstand, ob sie in ihrer gewöhnlichen Kleidung oder in einer Phantasietracht abgebildet ist, Abbildungen maskierter Personen stehen daher anderen Abbildungen vollkommen gleich. Unter Bildnissen sind auch die nach dem Tode des Abgebildeten erfolgten Aufnahmen zu verstehen, insbesondere Totenmasken. Zu den Aufnahmen einer Totenmaske bedarf es der Einwilligung bezw. Genehmigung der Angehörigen des Verstorbenen.

2. Karikaturen.

Karikaturen, und zwar nicht nur politische, sondern auch solche aller anderen Arten, gehören nicht zu den Bildnissen. Der Zweck der Karikatur ist nicht die Darstellung der Persönlichkeit des Abgebildeten, sondern das Hervorrufen einer humoristischen Wirkung. Die Karikatur will nicht die natürliche, wirkliche Persönlichkeit wiedergeben, sondern sie will sie in veränderter Weise mit gewissen Übertreibungen und Entstellungen wiedergeben und hierdurch gerade die humoristische Wirkung auslösen. Der Schutz gegen die Karikatur liegt nicht auf dem Gebiet des Kunstschutzrechtes, sondern gehört dem Schutze des Persönlichkeitsrechts an. Die Frage, unter welchen Voraussetzungen jemand, der in einer Karikatur dargestellt ist, den Schutz des § 823 Abs. 1 bezw. § 826 BGB. in Anspruch nehmen kann, ist bestritten. Kohler, welcher in „Kunstwerkrecht" S. 161 bis 172 die Bedeutung der Karikatur außerordentlich hoch wertet, will in der Hauptsache einen Schutz hiergegen nur dann gewähren, wenn dieselbe einen beleidigenden bezw. beschimpfenden Charakter hat, ebenso Allfeld, Kunstschutzgesetz S. 132. Die früher von mir vertretene Auffassung (vgl. Gewerblicher Rechtsschutz 1907 S. 224), daß gegen jede Karikatur dem Karikierten der Anspruch auf Grund des BGB. §823 Abs. 1 gegeben sei, läßt sich nicht aufrechterhalten. Wenn auch tatsächlich hierdurch nicht die Karikatur unterbunden würde, so würde doch die künstlerische Freiheit hierdurch in einer für die Interessen der Gesamtheit nicht tragbaren Weise beeinträchtigt, außerdem würden die literarischen Interessen wie auch allgemeine Kulturinteressen dadurch in empfindlicher Weise geschädigt werden. Es wird daher die obige Auffassung aufgegeben und ein Schutz gegen die Herstellung von Karikaturen nur insoweit noch anerkannt, als es sich um eine Karikatur handelt, welche geeignet ist, den Dargestellten zu beschimpfen, die Achtung, welche er genießt, zu vermindern.

Von der Karikatur ist verschieden die satirisch-persiflierende Darstellung. Die Grenze zwischen beiden ist allerdings in der Praxis nicht immer leicht festzustellen, und selbst die ausübenden Künstler kommen vielfach in Verlegenheit, wenn man von ihnen die genaue Angabe der Merkmale verlangt, durch welche sich die eine von der anderen Darstellung unterscheidet. In rechtlicher Hinsicht ist die Persiflage fast regelmäßig mit einer Beleidigung oder Beschimpfung gleichbedeutend. Sie ist von dem harmlosen Humor verschieden und begründet auch nach

Kohlers Auffassung eine Beleidigung, durch welche das Persönlichkeitsrecht angetastet wird.

3. Einwilligung des Abgebildeten.

Die Einwilligung kann sowohl ausdrücklich wie auch stillschweigend erfolgen. In den Motiven des Gesetzes ist hervorgehoben, daß die Einwilligung insbesondere dann anzunehmen sei, wenn der Abgebildete dafür, daß er sich habe abbilden lassen, eine Entlohnung erhalten habe. Die Entlohnung braucht keineswegs immer in Geld zu erfolgen, wenn es auch die Regel ist, daß sie durch Geld betätigt wird.

Die Einwilligung ist eine empfangsbedürftige Willenserklärung und kann auch nur von Personen abgegeben werden, welche geschäftsfähig sind. Für nichtgeschäftsfähige Personen hat die Einwilligung durch den Vertreter zu erfolgen.

Ist die Einwilligung erteilt, so bleibt der Abgebildete daran gebunden, soweit nicht eine Anfechtung der Willenserklärung aus allgemeinen Rechtsgründen, wie Zwang oder Irrtum, möglich ist. Gegen mißbräuchliche Anwendung kann nach § 826 bezw. § 226 BGB. vorgegangen werden. Die Einwilligung kann auch eine beschränkte sein. Eine beschränkte Einwilligung ist beispielsweise dann vorhanden, wenn eine Bühnenkünstlerin ihre photographische Aufnahme ausstellt, um bekannt zu werden, der Photograph dieselbe jedoch einem Fabrikanten von kosmetischen Artikeln überläßt zum Zwecke der Anbringung auf den Flaschen, welche Schönheitsmittel oder ein Mittel zum Färben von Haaren enthalten, und der Fabrikant die Photographie neben seinen Flaschen in den Schaufenstern ausstellt. Nach dem Tode des Abgebildeten hat die Einwilligung innerhalb der Verbotszeit durch seine Angehörigen zu erfolgen. Der Begriff der Angehörigen ist nicht derselbe wie in anderen Gesetzen. Es sind hier lediglich der Ehegatte und die Kinder des Abgebildeten, und wenn weder dieser noch jene vorhanden, so sind die Eltern darunter zu verstehen. Alle Angehörigen müssen die Einwilligung erteilen. Es genügt also der Widerspruch eines derselben, um die öffentliche Ausstellung unmöglich zu machen. Eine Majorisierung der Minderheit durch die Mehrheit ist unstatthaft, auch eine Klage der Mehrheit gegen die Minderheit auf Erteilung der Einwilligung kommt nicht in Betracht. Ohne auf einen Beweis sich einzulassen, hat das Gericht eine derartige Klage als unzulässig abzuweisen.

Hat der Abgebildete während seines Lebens die Erlaubnis verweigert, so können gleichwohl nach seinem Tode die Angehörigen dieselbe erteilen. Da, wie bemerkt, nur alle Angehörigen zusammen die Einwilligung erteilen können, so ist eine Klage des einen derselben, daß die Einwilligung nicht dem Willen des Verstorbenen entsprechen würde, ausgeschlossen. Hat andererseits der Abgebildete zur Zeit seines Lebens die Einwilligung erteilt, so kommt eine Einwilligung der Angehörigen nach seinem Tode nicht in Betracht. Bezüglich der Einwilligung des Ehegatten ist zu beachten, daß dieselbe an die Fortdauer der Ehe geknüpft ist. Ist die Ehe rechtskräftig geschieden, so steht dem überlebenden Ehegatten die Einwilligung nicht zu. Ist nach § 1575 BGB. die eheliche Gemeinschaft aufgehoben, so muß das gleiche gelten, da nach § 1586 die mit der Scheidung verbundenen Wirkungen eintreten, wenn auch die Eingehung einer neuen Ehe ausgeschlossen ist.

4. Verbreitung.

Sowohl die gewerbsmäßige wie die nichtgewerbsmäßige Verbreitung ist verboten. Der Begriff der Verbreitung ist derselbe wie in § 15 des Gesetzes. Als Verbreitung ist daher auch anzusehen, wenn das Bildnis an gute Bekannte ausgehändigt wird, insbesondere auch im Wege des Geschenks.

Als Verbreitung ist insbesondere auch zu betrachten die Benutzung des Bildnisses zu Reklamezwecken, z. B. zu Angaben über Beschaffenheit und Bezugsquellen von Waren oder gewerblichen Leistungen und zu Reklamen über sonstige geschäftliche Verhältnisse (vgl. Finger, Gewerblicher Rechtsschutz 1908 S. 56).

5. Öffentliche Schaustellung.

Öffentlich ist die Schaustellung, welche einem weder nach Zahl noch Individualität begrenzten Personenkreis, wenn auch nur unter bestimmten Bedingungen, zugängig ist. Den Gegensatz bildet die private Schaustellung. Wie bei der Aufführung von Bühnen- und Tonwerken kann es auch bezüglich der Schaustellung nicht selten fraglich sein, ob dieselbe öffentlich oder privat ist. Die Entscheidung hängt von den Verhältnissen des Einzelfalles ab. Die nur den Mitgliedern eines Künstlervereins auf Grund ihrer Mitgliedkarte und gegen Vorweis derselben zugängige Ausstellung ist keine öffentliche, sondern eine private, auch diejenige nicht, welche ein Kunstliebhaber für seine Freunde oder Bekannten in seinem Hause oder in dem Saale eines Hotels veranstaltet und bezüglich welcher geeignete Maßnahmen getroffen worden sind, um den Zutritt Unbefugter zu verhüten. Dagegen ist eine öffentliche Schaustellung vorhanden, sobald von den Mitgliedern des Künstlervereins auch andere Personen eingeführt werden können oder wenn die Mitgliedkarte übertragbar ist. Das Moment der Entgeltlichkeit hat für den Charakter der öffentlichen Schaustellung keine Bedeutung. Daher sind insbesondere Ausstellungen, Gemäldegalerien, Geschäfte, die Schaukästen der Photographen, Wirtschaften, Bahnhöfe, Zeitungen und Zeitschriften, Vorführungen in Kinos usw. als öffentliche Schaustellung anzusehen.

6. Vermutung für die Einwilligung.

Eine Vermutung für die Einwilligung besteht dann, wenn der Abgebildete sich für die Abbildung eine Entlohnung geben ließ. Dies kommt insbesondere bei den Bildnissen bezahlter Modelle in Betracht, welche daher auch ohne weiteres öffentlich ausgestellt werden können. Die Rechtsvermutung kann durch den Beweis der gegenteiligen Willenserklärung des Abgebildeten entkräftet werden, ebenso dadurch, daß aus den konkreten Umständen zu entnehmen ist, daß trotz der Entlohnung der Abgebildete mit der Ausstellung seines Bildes nicht einverstanden war. Letzteres ist insbesondere dann der Fall, wenn das Bildnis in entwürdigender Weise ausgestellt wird.

III. Schutzdauer.

1. Während des Lebens.

Während der ganzen Dauer des Lebens des Abgebildeten bedarf es der Einwilligung desselben für die Verbreitung und Schaustellung.

2. Nach dem Tode.

Für die Dauer einer Frist von zehn Jahren nach dem Tode besteht ebenfalls die Notwendigkeit der Einwilligung der Angehörigen des Abgebildeten. Die zehnjährige Frist ist nach Maßgabe des § 29 zu berechnen, also vom 31. Dez. des Jahres ab, in welchem der Abgebildete verstorben ist.

IV. Rechtsschutz.

Die Verbreitung bezw. öffentliche Schaustellung eines Bildnisses ohne Einwilligung des Abgebildeten oder seiner Angehörigen unterliegt nach § 33 einer Geldstrafe bis zu 1000 Mark, die in eine Gefängnisstrafe bis zu zwei Monaten im Falle der Nichtbeitreibung umzuwandeln ist. In zivilrechtlicher Hinsicht wird dadurch der Unterlassungsanspruch und der Schadenersatzanspruch ausgelöst. Der Untersagungsanspruch richtet sich gegen jede Verbreitung und öffentliche Schaustellung, ohne Rücksicht darauf, ob der Beklagte schuldhaft gehandelt hat oder nicht.

§ 23.

Ohne die nach § 22 erforderliche Einwilligung dürfen verbreitet und zur Schau gestellt werden:

1. Bildnisse aus dem Bereiche der Zeitgeschichte;
2. Bilder, auf denen die Personen nur als Beiwerk neben einer Landschaft oder sonstigen Örtlichkeit erscheinen;

3. Bilder von Versammlungen, Aufzügen und ähnlichen Vorgängen, an denen die dargestellten Personen teilgenommen haben;
4. Bildnisse, die nicht auf Bestellung angefertigt sind, sofern die Verbreitung oder Schaustellung einem höheren Interesse der Kunst dient.

Die Befugnis erstreckt sich jedoch nicht auf eine Verbreitung und Schaustellung, durch die ein berechtigtes Interesse des Abgebildeten oder, falls dieser verstorben ist, seiner Angehörigen verletzt wird.

I. Die Ausnahmen von dem Verbot des § 22.

Mit Rücksicht auf die Interessen der Allgemeinheit hat das Gesetz nach dem Vorbilde anderer Rechte eine Reihe von Ausnahmen von dem Verbot des § 22 aufgestellt. Man ist dabei davon ausgegangen, daß in bestimmten Fällen das Interesse der Allgemeinheit vor dem Interesse des Abgebildeten zu berücksichtigen sei, vor allem in Ansehung solcher Personen, welche im öffentlichen Leben auftreten, da jeder, welcher in der Öffentlichkeit tätig sei, auch der Öffentlichkeit sein Bild nicht entziehen dürfe.

II. Bildnisse aus dem Bereich der Zeitgeschichte.

1. Zeitgeschichte.

Die Zeitgeschichte begreift nicht nur die politische Geschichte der Gegenwart, sondern auch die wirtschaftliche, soziale und kulturelle Geschichte, das letztere Wort im weitesten Sinne gebraucht. Es können also nicht nur die Bildnisse zeitgenössischer Fürsten, Staatsmänner, Gelehrten, Künstler und Künstlerinnen verbreitet und ausgestellt werden, sondern auch die Bilder von Kaufleuten, Industriellen, Entdeckungsreisenden, Führern von Gewerkschaften usw. Persönlichkeiten, die im Wirtschaftsleben eine Rolle spielen, gehören auch zu den Personen aus dem Bereich der Zeitgeschichte. Die Entscheidung des Kammergerichts in JW. 1925 S. 378, welche die Zulässigkeit der Verbreitung des Bildnisses des Bankiers Michael betraf, der es verstand, in ganz kurzer Zeit der Leiter eines großen Geldinstitutes zu werden, ist vollkommen zu billigen. Die Rechtsprechung läßt erkennen, daß man den Begriff der Zeitgeschichte in sehr weitgehendem Sinne auffaßt, wie dies auch in anderen Ländern der Fall ist.

2. Zugehörigkeit zu derselben.

Es ist Tatfrage, ob jemand zu der Zeitgeschichte zu rechnen ist. Daß auch solche Personen dazu gehören können, die erst seit ganz kurzer Zeit in der Öffentlichkeit hervorgetreten sind, unterliegt keinem Zweifel. Daß Personen, welche wegen Verbrechen verurteilt worden sind, nicht dem Bereich der Zeitgeschichte angehören, ist zweifellos. Massenmörder, wie Haarmann, gehören nicht zu den nach Ziff. 1 in Betracht kommenden Personen.

III. Bildnisse als Beiwerk.

1. Neben einer Landschaft.

In der zweiten Kategorie der Ausnahmen werden die Bildnisse solcher Personen behandelt, welche nur als Staffage abgebildet sind. In welcher Form die Abbildung neben einer Landschaft erfolgt, ist gleichgültig. Maßgeblich ist nur, daß die abgebildete Person auf der Landschaft lediglich als Beiwerk figuriert

2. Neben einer sonstigen Örtlichkeit.

Hier kommen sowohl Gebäude als auch Denkmäler, Schiffe, Hafenanlagen, öffentliche Plätze usw. in Betracht.

Personen, welche auf der Darstellung einer Denkmalsenthüllung mit abgebildet werden, erscheinen ebenfalls nur als Beiwerk neben dem enthüllten Denkmal

IV. Bilder von Versammlungen, Aufzügen usw.

Es ist gleichgültig, ob es sich um öffentliche oder nichtöffentliche Versammlungen handelt. Das gleiche gilt von Aufzügen und ähnlichen Vorgängen

V. Nicht auf Bestellung angefertigte Bildnisse.

Auch bei solchen Bildnissen, welche nicht auf Bestellung angefertigt worden sind, greift das Verbot des § 22 nicht Platz, jedoch nur dann, wenn die Verbreitung oder Schaustellung einem höheren Interesse der Kunst dient. Im Gegensatze dazu besteht das Verbot bei bestellten Bildnissen auch dann, wenn die Verbreitung einem höheren Interesse der Kunst dient.

1. Bildnisse, die nicht auf Bestellung angefertigt sind.

Ein auf Bestellung angefertigtes Bildnis ist dann vorhanden, wenn der ausführende Künstler für das Bild eine Vergütung erhält, gleichviel, ob dieselbe in Geld oder Sachwerten besteht. Ob der Vertrag zwischen dem Besteller und dem Künstler ein Werkvertrag oder Dienstvertrag ist, kommt bei Anwendung der Bestimmung nicht in Betracht. Für die Regel liegt allerdings ein Werkvertrag vor (Osterrieth Anm. IV 1 S. 182).

2. Höheres Interesse der Kunst.

Nicht jedes Interesse der Kunst genügt, um die Verbreitung eines nichtbestellten Bildnisses als gerechtfertigt erscheinen zu lassen, sondern nur das höhere. Die Verbreitung eines wirklichen Kunstwerkes wird regelmäßig einem höheren Interesse der Kunst dienen, dagegen gehört nicht hierher die Verbreitung oder Schaustellung für gewerbliche Zwecke, z. B. in dem Katalog eines Geschäftes oder in Reklameplakaten oder in Tageszeitungen oder in Zeitschriften, welche der Sensation, nicht aber der Kunst dienen. Auch die Verbreitung auf Ansichtspostkarten ist im allgemeinen keine solche, welche dem höheren Interesse der Kunst dient, jedenfalls dann nicht, wenn die Ansichtspostkarten zu Reklamezwecken verwendet werden.

VI. Verletzung eines berechtigten Interesses.

Bei der Regel des § 22 bleibt es jedoch dann, wenn durch die Verbreitung oder Schaustellung ein berechtigtes Interesse des Abgebildeten oder, im Falle seines Todes, seiner Angehörigen verletzt würde. Der Begriff des berechtigten Interesses ist im weitestgehenden Sinne aufzufassen; er ist nicht nur dann vorhanden, wenn mit der Verbreitung oder Schaustellung eine Verletzung der dem Abgebildeten gebührenden Achtung oder eine Kränkung oder sonstige Benachteiligung seiner Persönlichkeit verbunden ist, sondern auch dann, wenn das Bild auf Waren angebracht wird, welche, wie Kohler sagt, nicht zu den feinsten Zwecken menschlichen Wirkens benutzt zu werden pflegen (Kunstwerkrecht S. 164). Auch die Verletzung eines Geldinteresses fällt unter den Begriff (RG. in ROLG. 10, 502). Ein berechtigtes Interesse wird dadurch verletzt, wenn Bildnisse in intimen Lebensbeziehungen der Öffentlichkeit mitgeteilt werden. Daher kann auch eine der Zeitgeschichte angehörige Sängerin oder sonstige Künstlerin dagegen Einspruch erheben, daß ihr Bild im Badekostüm verwertet wird, ferner braucht sich weder ein Politiker noch Feldherr noch Gelehrter gefallen zu lassen, daß sein Bild auf einer Stiefelwichs-

Hose angebracht wird, ebensowenig eine Künstlerin, daß ihr Bild auf Waren angebracht wird, welche antikonzeptionellen Zwecken dienen. Es unterliegt keinem Zweifel, daß das ideale Interesse bei dem Begriff des berechtigten Interesses eine sehr große Rolle spielt. Ob eine wirkliche Verletzung vorhanden ist, läßt sich immer nur von Fall zu Fall feststellen; unverkennbar ist auch in dieser Beziehung die freiere Auffassung und Beurteilung der heutigen Zeit im Verhältnis zu der früheren von nicht zu verkennendem Einfluß auf die Tragweite der Ausnahme. Der Richter hat keine Veranlassung, eine übertriebene Zimperlichkeit zu berücksichtigen, andererseits muß er aber dem Geschmack und der berechtigten Empfindlichkeit feinfühlender Personen ohne jeden Unterschied der sozialen Klassen Berücksichtigung angedeihen lassen. Die Rechtsprechung sowohl in Deutschland wie auch insbesondere im Ausland ist in dieser Hinsicht nicht arm an interessanten Fällen, die Grundsätze, welche das Reichsgericht in RGZ. 74, 309 in dem Falle des Grafen Zeppelin aufgestellt hat, können auch heute noch als richtig anerkannt werden.

Durch die Eintragung als Warenzeichen kann ein berechtigtes Interesse ebenfalls verletzt werden; es kommt in dieser Beziehung eben auf die Waren an, für welche die Eintragung erfolgen soll; die Ansicht, als sei durch § 23 schlechthin die Eintragbarkeit für Bildnisse von Persönlichkeiten aus dem Bereich der Zeitgeschichte beseitigt, ist nicht zutreffend, auch das Reichsgericht steht nicht auf diesem Standpunkt (vgl. Düren, Gewerblicher Rechtsschutz 21, 47).

Mit dem Begriff der Angehörigen ist die gleiche Bedeutung verbunden wie in § 22. Nach Ablauf von zehn Jahren nach dem Tode des Abgebildeten kann seitens der Angehörigen ein Recht des Einspruchs nicht mehr geltend gemacht werden. Im allgemeinen ist zwischen dem berechtigten Interesse des Abgebildeten selbst und dem berechtigten Interesse der Angehörigen kein wesentlicher Unterschied.

Auch die Angehörigen haben das Interesse daran, daß ihr verstorbener Erblasser nicht in der Darstellung einer intimen

Lebenslage der Öffentlichkeit vorgeführt wird oder daß sein Bild nicht zu Reklamezwecken für alle möglichen Waren verwendet werden darf.

Berechtigt ist die Verbreitung und Schaustellung auf Grund der Einwilligung des Abgebildeten oder seiner Angehörigen, diese Einwilligung kann wegen Mißbrauchs jederzeit zurückgezogen werden. Schon vor Erlaß des Kunstschutzgesetzes hat das Kammergericht in der in Gewerblicher Rechtsschutz 9, 272 mitgeteilten Entscheidung den Standpunkt vertreten, daß eine Dame, auch wenn sie sich damit einverstanden erklärt hatte, daß die von ihr angefertigten Photographien anstößigen Inhaltes verbreitet würden, doch das Recht habe, diese Einwilligung jederzeit zurückzuziehen. Daran ist unter der Herrschaft des geltenden Rechts natürlich noch in höherem Maße festzuhalten. Die Einwilligung kann aber auch ohne Nachweis eines Mißbrauchs wieder zurückgezogen werden, auch dann, wenn für die Erteilung eine Vergütung gezahlt wurde, selbstverständlich unbeschadet des Rechts desjenigen, welcher die Vergütung gezahlt hat, dieselbe zurückzuverlangen, wofür die Abmachung im Einzelfalle maßgeblich ist, derjenige, welcher eine Vergütung für die Einwilligung bezahlt hatte, muß so gestellt werden, wie wenn der Vertrag überhaupt nicht abgeschlossen worden wäre. Die Zurücknahme der Einwilligung ohne ein wirkliches Interesse, also lediglich aus Schikane, ist jedoch unstatthaft. Mit Recht wird von Kohler hervorgehoben, daß durch die Zurücknahme der Einwilligung die Ausstellung eines Gemäldes, auf dem die betreffende Persönlichkeit die Hauptrolle spiele, nicht verhindert werden dürfe, sofern die Darstellung der Persönlichkeit hinter den künstlerischen Ideen zurücktrete. Kohler verweist in dieser Beziehung mit Recht auf das Gemälde von Makart: „Der Einzug Karls V. in Brüssel".

§ 24.

Für Zwecke der Rechtspflege und der öffentlichen Sicherheit dürfen von den Behörden Bildnisse ohne

Einwilligung des Berechtigten sowie des Abgebildeten oder seiner Angehörigen vervielfältigt, verbreitet und öffentlich zur Schau gestellt werden.

I. Weitere Ausnahmen von § 22.

Das Recht des Abgebildeten nach § 22 erleidet in § 24 eine weitere Ausnahme mit Rücksicht auf die Zwecke der öffentlichen Wohlfahrt. Nach dem Regierungsentwurf sollten Bildnisse von den Behörden für amtliche Zwecke auch ohne Einwilligung des Abgebildeten vervielfältigt, verbreitet und öffentlich zur Schau gestellt werden dürfen.

Diese Auffassung erschien in der Reichstagskommission zu unbestimmt; man nahm an, daß sie die Gefahr begründe, namentlich bei Straftaten politischen Charakters, in schikanöser Weise zum Nachteil des Abgebildeten angewendet zu werden.

Die Beschränkung auf die Fälle, in welchen die Vervielfältigung usw. auf Grund richterlicher Anordnung geschieht, war in der Kommission zunächst beschlossen worden, infolge des Widerspruchs der Regierung ließ man jedoch dieselbe fallen.

II. Zwecke der Rechtspflege.

Es handelt sich hier in erster Linie um die Zwecke der Strafrechtspflege, also um die auf Anordnung der Gerichte, Staatsanwaltschaften, Polizeibehörden, Gefängnisbehörden usw. angeordneten Vervielfältigungen von Bildern und deren Veröffentlichung in Verbrecheralbums, Steckbriefen, Fachblättern usw. Auf die Frage, ob eine einer strafbaren Handlung verdächtige oder überführte Person verpflichtet ist, sich für die Zwecke der Strafrechtspflege photographieren zu lassen, bezieht sich die Bestimmung natürlich nicht; die Regelung derselben liegt außerhalb des Kunstschutzgesetzes.

Die Vervielfältigung für die Zwecke der Zivilrechtspflege ist nicht ausgeschlossen, kommt aber nur seltener vor, beispielsweise zur Feststellung der Unterhaltspflichtigen eines ausgesetzten Kindes, der Persönlichkeit eines Geisteskranken usw.

III. Zwecke der öffentlichen Sicherheit.

Wie schon unter I hervorgehoben worden ist, decken sich die Begriffe „Zwecke der Rechtspflege und der öffentlichen Sicherheit" nicht mit dem Begriff „Amtliche Zwecke". Bei der Abbildung für Zwecke der öffentlichen Sicherheit außerhalb der Strafrechtspflege hat man insbesondere an die Veröffentlichung von Bildnissen zu präventiven Zwecken seitens der Verwaltungsbehörden gedacht.

IV. Vervielfältigung und Verbreitung.

Lediglich die Vervielfältigung, Verbreitung und öffentliche Schaustellung der Abbildung ist gestattet. Darüber hinaus dürfen die Behörden nicht gehen. Außerdem ist zu beachten, daß nur die Behörden, nicht aber andere Personen die hier normierte Befugnis haben. Auch die Befugnis der Behörden reicht nur so weit, als die Zwecke der Rechtspflege und der öffentlichen Sicherheit es erfordern. Würde ein Bild von einer Staatsanwaltschaft in einem Falle veröffentlicht, in welchem nur ein wissenschaftlicher Zweck die Veröffentlichung veranlaßt hat, so kann der Abgebildete abgesehen von den nach der Strafprozeßordnung zulässigen Rechtsmitteln auch die Unterlassungsklage hiergegen geltend machen.

Dritter Abschnitt.

Dauer des Schutzes.

§ 25.

Der Schutz des Urheberrechts an einem Werke der bildenden Künste endigt, wenn seit dem Tode des Urhebers dreißig Jahre abgelaufen sind.

Steht einer juristischen Person nach §§ 5, 6 das Urheberrecht zu, so endigt der Schutz mit dem Ablaufe von dreißig Jahren seit dem Erscheinen des Werkes. Jedoch endigt der Schutz mit dem Ablaufe der im Abs. 1 bestimmten Frist, wenn das Werk erst nach dem Tode desjenigen erscheint, welcher es hervorgebracht hat.

I. Schutzdauer bei natürlichen Personen.
II. Schutzdauer bei juristischen Personen.
III. Nachlaßwerke.
IV. Berechnung der Fristen.

I. Schutzdauer bei natürlichen Personen.

Wie nach dem literarischen Urheberrechtsgesetz so endet auch der Schutz des Urheberrechts an einem Werk der bildenden Künste 30 Jahre nach dem Tode des Urhebers. Ist ein Werk der bildenden Kunst Gegenstand einer Miturheberschaft, so kommt die Bestimmung des § 27 in Anwendung.

II. Schutzdauer bei juristischen Personen.

Bei Werken, die von Universitäten, Akademien, Kirchen und anderen juristischen Personen des öffentlichen Rechts herausgegeben werden, endigt der Schutz mit dem Ablauf von 30 Jahren nach dem Erscheinen.

Erscheinen.

Der Begriff des Erscheinens ist der gleiche wie in § 5.

III. Nachlaßwerke.

Auch bezüglich solcher Werke, welche erst nach dem Tode des Urhebers herausgegeben werden, endigt die Schutzfrist mit dem Ablauf des dreißigsten Jahres nach dem Tode. Eine Verlängerung dieser Frist ist nicht möglich. Dies wird von den Motiven damit gerechtfertigt, daß der Fall nur selten vorkomme, daß ein Werk der bildenden Künste später wie 30 Jahre nach dem Tode des Künstlers erscheine. Die Bestimmung des literarischen Urheberrechtsgesetzes in § 29 Abs. 2, wonach vermutet wird, daß bei Werken, die innerhalb 30 Jahren seit dem Tode des Verfassers nicht veröffentlicht wurden, das Urheberrecht dem Eigentümer des Werkes zusteht, ist für die Werke der bildenden Künste nicht aufgenommen worden.

IV. Berechnung der Fristen.

Die Berechnung erfolgt nach Maßgabe des § 29.

§ 26.

Der Schutz des Urheberrechts an einem Werke der Photographie endigt mit dem Ablaufe von zehn Jahren seit dem Erscheinen des Werkes. Jedoch endigt der Schutz mit dem Ablaufe von zehn Jahren seit dem Tode des Urhebers, wenn bis zu dessen Tode das Werk noch nicht erschienen war.

I. Werke der Photographie.

Zu den Werken der Photographie gehören auch diejenigen, welche durch ein dem Photographieren ähnliches Verfahren hervorgebracht worden sind (vgl. § 2).

II. Erscheinen.

Über den Begriff des Erscheinens vgl. § 5.

III. Nichterschienene Werke.

Photographien, die entweder überhaupt nicht oder erst nach dem Tode des Urhebers erschienen sind, genießen den Schutz bis zum Ablauf von zehn Jahren nach dessen Tode. Bei der Beratung der Kommission des Reichstages wurde die Befürchtung ausgesprochen, daß infolge der Aufhebung des Bezeichnungszwangs Schwierigkeiten in bezug auf die Feststellung des Zeitpunktes sich ergeben könnten, in welchem ein Werk der Photographie erschienen sei. Derselben wurde entgegnet, daß die Feststellung sich in der Praxis verhältnismäßig leicht durch die Verlagskataloge, kaufmännischen Bücher, in welchen die photographischen Aufnahmen nach der Bestellung oder sonstwie notiert seien, werde feststellen lassen. In der Praxis haben sich in der Tat Beweisschwierigkeiten in bezug auf diese Frage kaum ergeben, auch nicht in den Fällen, in welchen die Photographie von einem Einzelphotographen hergestellt wurde.

IV. Schutzdauer bei photographischen Anstalten.

Falls photographische Aufnahmen durch Angestellte einer photographischen Anstalt vorgenommen werden, so ist für die Berechnung der Schutzfrist im allgemeinen das Leben des betreffenden Angestellten maßgeblich, auch in dem Falle, in welchem die Geschäftsbezeichnung bezw. die Firma der photographischen Anstalt auf der Photographie angegeben ist.

Nur dann würde die Lebensdauer des Inhabers der photographischen Anstalt für die Berechnung maßgeblich sein, wenn auf Grund des Vertragsverhältnisses zwischen dieser und dem Aufnehmenden das Urheberrecht an der Photographie auf die Anstalt übergegangen ist (vgl. die Ausführungen zu § 10).

§ 27.

Steht das Urheberrecht an einem Werke mehreren gemeinschaftlich zu, so bestimmt sich, soweit der Zeitpunkt des Todes für die Schutzfrist maßgebend ist, deren Ablauf nach dem Tode des Letztlebenden.

I. Miturheberschaft.
II. Zeitpunkt des Todes.
III. Der Anteil des Vorverstorbenen.

I. Miturheberschaft.

Die Bestimmung bezieht sich auf die Miturheberschaft im Sinne des § 8 wie auch auf den Fall, daß mehrere Herausgeber oder Verleger eines Sammelwerks vorhanden sind, denen das Urheberrecht gemeinschaftlich an demselben zusteht.

Die Regelung entspricht derjenigen des § 30 des literarischen Urheberrechtsgesetzes.

II. Zeitpunkt des Todes.

Wie nach § 25 so steht auch im Sinne dieses Paragraphen die Todeserklärung dem wirklichen Tode gleich. Nach § 18 BGB. begründet die Todeserklärung die Vermutung, daß der Verschollene in dem Zeitpunkt gestorben sei, welcher in dem die Todeserklärung aussprechenden Urteil festgestellt worden ist.

III. Der Anteil des Vorverstorbenen.

Der Anteil des vorverstorbenen Miturhebers infolge der Verlängerung durch den letztlebenden kommt den Erben des Vorverstorbenen zugute und nicht etwa den überlebenden Miturhebern allein.

§ 28.

Bei Werken, die aus mehreren in Zwischenräumen veröffentlichten Abteilungen bestehen, sowie bei fortlaufenden Blättern oder Heften wird jede Abteilung, jedes Blatt oder Heft für die Berechnung der Schutzfristen als ein besonderes Werk angesehen.

Bei den in Lieferungen veröffentlichten Werken wird die Schutzfrist erst von der Veröffentlichung der letzten Lieferung an berechnet.

I. Abteilung.
II. Hefte.
III. Lieferung.

I. Abteilung.

Abteilungen sind in sich abgeschlossene, selbständige Teile des Werkes, welche bestimmungsgemäß benutzt werden können, auch wenn die anderen Abteilungen noch nicht vorhanden sind. Es kommt nicht darauf an, ob in den einzelnen Abteilungen nur ein Thema dargestellt ist oder mehrere Themen. Jede Abteilung wird als besonderes Werk betrachtet.

II. Hefte.

Hierunter werden in sich abgeschlossene Arbeiten verstanden, welche in dem betreffenden Heft restlos enthalten sind.

III. Lieferung.

Im Gegensatz zu dem Heft ist die Lieferung keine in sich abgeschlossene Arbeit, sondern sie bedarf der Ergänzung durch die nachfolgenden Lieferungen und bildet ohne diese ein aus dem

Zusammenhang gerissenes, darum unvollständiges Bruchstück, einen sogenannten Torso. Wenn ein Lieferwerk nicht zu Ende geführt wird, so ist als letzte Lieferung diejenige anzusehen, welche zuletzt erschienen ist. Von der Veröffentlichung dieser ab berechnet sich die Schutzfrist.

§ 29.

Die Schutzfristen beginnen mit dem Ablaufe des Kalenderjahrs, in welchem der Urheber gestorben oder das Werk erschienen ist.

Die Berechnung der Schutzfrist entspricht der Bestimmung des § 34 des literarischen Urheberrechtsgesetzes. Auch in dem Falle, wenn der Berechtigte für tot erklärt worden ist, wird die ganze Frist von dem Ablauf des Jahres berechnet, in welchem der von dem Gericht in §§ 14 und 18 BGB. festgestellte Zeitpunkt liegt, die Frist läuft daher immer am 31. Dezember eines Jahres ab. Ist ausgesprochen, daß der Urheber mit Wirkung vom 20. Nov. 1925 für tot erklärt wird, so ist die dreißigjährige Schutzfrist am 31. Dez. 1955 abgelaufen.

§ 30.

Soweit der in diesem Gesetze gewährte Schutz davon abhängt, ob ein Werk erschienen ist, kommt nur ein Erscheinen in Betracht, das der Berechtigte bewirkt hat.

Die an das Erscheinen geknüpften Wirkungen kommen nur in Betracht, wenn der Berechtigte selbst die Verbreitung bewirkt hat, oder wenn dieselbe durch einen Dritten mit seiner Genehmigung erfolgt ist. Unbefugte Veröffentlichungen können das Recht des Berechtigten in keiner Weise in Frage stellen oder mindern. Welche Verbreitung unbefugt ist, ergibt sich aus den vorstehenden Bestimmungen.

Vierter Abschnitt.

Rechtsverletzungen.

§ 31.

Wer vorsätzlich oder fahrlässig unter Verletzung der ausschließlichen Befugnis der Urhebers ein Werk vervielfältigt, gewerbsmäßig verbreitet oder gewerbsmäßig mittels mechanischer oder optischer Einrichtungen vorführt, ist dem Berechtigten zum Ersatze des daraus entstehenden Schadens verpflichtet. Der gewerbsmäßigen Vorführung steht, soweit die Kinematographie oder ein ihr ähnliches Verfahren angewandt wird, die öffentliche Vorführung gleich.

I. Der Unterlassungsanspruch.
II. Der Schadensersatzanspruch.
  1. Subjektive Voraussetzung.
    a) Vorsatz.
    b) Fahrlässigkeit.
  2. Objektive Voraussetzung.
    a) Vervielfältigung.
    b) Gewerbsmäßige Verbreitung.
    c) Gewerbsmäßige Vorführung.
    d) Kinematographische Vorführung.
  3. Täter.
    a) Mittäter.
    b) Gehilfen.
  4. Haftung für Dritte.
III. Der Schaden.
IV. Der Anspruch auf Rechnungslegung.
V. Der Bereicherungsanspruch.

I. Der Unterlassungsanspruch.

Die Folgen der Rechtsverletzung sind in dem Kunstschutzgesetz nicht erschöpfend behandelt. Ergänzend kommen die Bestimmungen des BGB. in Betracht; als Rechtsschutzmittel in erster Linie der Unterlassungsanspruch, dessen Bedeutung auf dem Gebiete der absoluten Rechte wie auch außerhalb derselben bekanntlich eine außerordentlich erhebliche geworden ist. Die Ergebnisse der Rechtslehre und Rechtsprechung bezüglich des Unterlassungsanspruchs, von Kohler als Ablaßanspruch bezeichnet, finden entsprechende Anwendung. Es kann daher auf die zusammenfassende Darstellung bei Rosenthal, Unlauterer Wettbewerb, 5. Aufl. S. 37 ff. verwiesen werden. Im einzelnen ist bei der Anwendung des Unterlassungsanspruchs zum Schutze der künstlerischen Urheberrechte insbesondere folgendes zu beachten.

1. Der Unterlassungsanspruch ist von dem subjektiven Schuldmoment vollständig unabhängig, er ist begründet, sobald objektiv feststeht, daß unter Verletzung der ausschließlichen Befugnis des Urhebers ein Werk vervielfältigt, gewerbsmäßig verbreitet oder gewerbsmäßig vorgeführt ist. Selbst wenn der Verletzte auf Grund des Gutachtens hervorragender Sachverständiger zu der Ansicht gekommen ist, daß das Werk nicht mehr geschützt sei, ist der Unterlassungsanspruch begründet.

2. Voraussetzung ist, daß objektiv weitere Eingriffe zu besorgen sind. Die Wiederholungsgefahr wird nicht vermutet, sondern muß von dem Kläger dargetan werden, sie muß insbesondere noch bei dem Schluß der mündlichen Verhandlung vorhanden sein, auf welche das Urteil ergeht. Die Bestreitung des Rechts des Klägers im Prozeß durch den Beklagten muß auch hier ohne weiteres die Wiederholungsgefahr dartun.

3. Der Unterlassungsanspruch ist nach Erlöschen der Schutzfrist nur insoweit noch möglich, als es sich um die Verbreitung von während der Schutzperiode widerrechtlich hergestellten Exemplaren handelt.

4. Passiv legitimiert ist bei dem Unterlassungsanspruch sowohl derjenige, welcher die Vervielfältigung, Verbreitung usw. vor-

genommen hat, als auch derjenige, in dessen Auftrag oder auf dessen Veranlassung sie vorgenommen wird, beispielsweise der Besitzer eines Kinos, der Besitzer einer Ausstellung, der Verleger einer Zeitschrift usw.

5. Der Unterlassungsanspruch kann nicht erst dann gestellt werden, wenn die Vervielfältigung, Verbreitung usw. erfolgt ist, sondern auch schon dann, wenn Vorbereitungshandlungen hierfür vorgenommen worden sind, beispielsweise wenn die Vorführung in der Zeitung angekündigt wird, wenn mit dem Druck begonnen worden ist.

6. Der Kläger braucht ein Interesse an der Unterlassung nicht nachzuweisen.

Der Unterlassungsanspruch kann mehreren zustehen, neben dem Urheber auch dem Verleger. Das Recht des einen wird durch das Recht des anderen nicht ausgeschlossen.

7. Die in der Literatur und Rechtsprechung vielfach erörterte und umstrittene Frage, ob auch die unter öffentlicher Strafandrohung stehenden Handlungen mit dem Unterlassungsanspruch verfolgt werden können, hat für das Kunstschutzgesetz ebensowenig praktische Bedeutung wie für das literarische Urheberrechtsgesetz.

8. Für den Unterlassungsanspruch ist der allgemeine Gerichtsstand des § 12 ZPO. gegeben. Der Gerichtsstand der unerlaubten Handlung kommt nur in Betracht, wenn es sich um vorsätzliches oder fahrlässiges Verhalten seitens des Beklagten handelt.

9. Die Feststellungsklage des § 256 ZPO., die an sich möglich ist, hat in der Praxis des Kunstschutzrechtes keine erhebliche Bedeutung. Die Fälle sind selten, in denen gegenüber der Anmaßung eines Rechts die Geltendmachung dieser Klage zweckmäßig erscheint.

II. Der Schadensersatzanspruch.

1. Subjektive Voraussetzungen

Nur wenn die Verletzung der Befugnis des Urhebers vorsätzlich oder fahrlässig begangen worden ist, besteht ein Anspruch auf Schadensersatz.

a) Vorsatz. Eine vorsätzliche Handlung liegt dann vor, wenn derjenige, welcher die Vervielfältigung, gewerbsmäßige Verbreitung oder gewerbsmäßige Vorführung bewirkt, weiß, daß er sich hierdurch einer Verletzung der ausschließlichen Rechte des Urhebers schuldig macht. Der Vorsatz ist nach der Rechtsprechung des Reichsgerichts das bewußte Wollen. Ihm steht der Eventualdolus gleich, d. h. das Bewußtsein, daß die vorgenommene Handlung den Erfolg einer Verletzung der Rechte eines Urhebers haben könne. Wer mit der Möglichkeit rechnet, daß seine Handlung eine Verletzung des Urheberrechts herbeiführen werde, dieselbe aber gleichwohl vornimmt, handelt mit Eventualdolus; die Absicht, den Urheber zu schädigen, wird nicht verlangt. In den Beratungen der Kommission des Reichstags wurde die Frage aufgeworfen, ob für die graphischen Gewerbe eine Erkundigungspflicht hinsichtlich der ihnen erteilten Reproduktionsaufträge bestehe, so daß schon das Unterlassen der Erkundigung die Feststellung des Eventualdolus rechtfertige. Es läßt sich nicht behaupten, daß allgemein eine Erkundigungspflicht in dieser Hinsicht besteht. Nur dann ist die Erkundigung geboten, wenn mit Rücksicht auf die besonderen Umstände des Falles ernstliche Zweifel an der Statthaftigkeit der Nachbildung bestehen mußten. Ob solche Umstände vorhanden waren, läßt sich nur von Fall zu Fall und unter Anwendung der Grundsätze von Treu und Glauben entscheiden. Wenn eine unverdächtige Persönlichkeit einem Geschäft oder einer Anstalt einen Auftrag behufs Vervielfältigung von Werken der bildenden Künste oder der Photographie erteilt und die Berechtigung hierzu behauptet, so ist der Inhaber im allgemeinen nicht verpflichtet, die Berechtigung nachzuprüfen. Anders verhält es sich, wenn ein solcher Auftrag von einer ganz unbekannten Persönlichkeit erteilt wird, hier muß eine Nachprüfungs- und Erkundigungspflicht unbedingt angenommen werden. In der Praxis ist man keineswegs geneigt gewesen, in dieser Beziehung einen laxen Standpunkt anzuwenden, und berücksichtigt auch mitnichten gewisse Mißbräuche, welche sich vielleicht in einzelnen Verkehrszweigen entwickelt haben.

b) Fahrlässigkeit. Fahrlässig handelt, wer durch Nichtanwendung der im Geschäftsverkehr erforderlichen Sorgfalt die Verletzung des Urheberrechts begeht. Die Unterscheidung zwischen Dolus eventualis und Fahrlässigkeit macht auf dem Gebiet des Kunstschutzrechts wie auf den übrigen Gebieten des Urheberrechts vielfach große Schwierigkeiten. Die Fahrlässigkeit kann sowohl durch Nichtbeachtung der tatsächlichen wie auch der rechtlichen Verhältnisse begründet sein. Von einem Kunsthändler muß man verlangen, daß er mit den Bestimmungen des Kunstschutzgesetzes in der Hauptsache vertraut ist und, wenn er dies nicht ist, sich genügenden Aufschluß bei Rechtskundigen verschafft. Das gleiche gilt von dem Unternehmer, welcher Werke der bildenden Künste auf Filmstreifen zur Darstellung bringen will. Der Umstand, daß aus dem Kunstwerk an sich nicht ohne weiteres ersichtlich ist, ob an ihm noch ein Urheberrecht besteht oder nicht, bildet für denjenigen, welcher ohne Erkundigung dasselbe vervielfältigt, verbreitet usw., keine Entschuldigung.

2. Objektive Voraussetzung.

a) Vervielfältigung. Die Bedeutung ist die gleiche wie in § 15.

b) Gewerbsmäßige Verbreitung. Gewerbsmäßig ist die Verbreitung, wenn sie in der Absicht geschieht, dem Täter eine auf die Dauer berechnete Einkommensquelle zu verschaffen; ob der Verbreitungsakt hierzu führt oder nicht, ist gleichgültig. Maßgeblich ist, wie in § 15, die hierauf gerichtete, zum Ausdruck gekommene Willensrichtung.

c) Gewerbsmäßige Vorführung. Vergl. die Erläuterung zu § 15.

d) Kinematographische Vorführung. Die in Satz 2 enthaltene Bestimmung, welche die Kinematographie erwähnt, beruht auf dem Gesetz vom 22. Mai 1910 (RGBl. S. 793), welches zur Ausführung der revidierten Berner Konvention vom 13. Nov. 1908 (RGBl. 1910 S. 965) ergangen ist. Nach Art. 14 derselben haben die Urheber von Werken aus dem Bereiche der

Literatur, der Wissenschaft oder Kunst das ausschließliche Recht, die Wiedergabe und die öffentliche Aufführung ihrer Werke durch die Kinematographie zu gestatten; für den Tatbestand der Verletzung in objektiver Hinsicht mittels der Kinematographie und eines derselben ähnlichen Verfahrens genügt also die öffentliche Vorführung.

3. Täter.

Als Täter kommt sowohl derjenige in Betracht, welcher selbst die Vervielfältigung, gewerbsmäßige Verbreitung usw. bewirkt, als auch derjenige, welcher dieselbe durch Dritte ausführen läßt. Täter ist sonach auch der angestellte Gehilfe und jeder Dritte, welcher im Auftrag eines anderen die Verletzung vornimmt.

a) Mittäter. Mittäter sind diejenigen Personen, welche durch eine gemeinschaftlich begangene Verletzung des Urheberrechts den Schaden verursacht haben. Für die Annahme der Mittäterschaft wird vorausgesetzt, daß in tatsächlicher Hinsicht ein Zusammenwirken mehrerer Personen festgestellt werden kann, gleichgültig ist dagegen, in welchem Maße jeder von denselben zu der Verletzung beigetragen hat. Da eine Willensgemeinschaft nicht verlangt wird, so ist eine Mittäterschaft auch dann in unserem Falle anzunehmen, wenn der eine sich lediglich darauf beschränkt, die Vervielfältigung usw. anzuregen, die Ausführung dieses Gedankens aber anderen Personen überläßt.

Anstifter und Gehilfe stehen nach BGB. § 830 Abs. 2 den Mittätern gleich.

b) Gehilfen. Hierunter werden nicht nur diejenigen Personen verstanden, welche technisch-mechanische Arbeiten leisten, die für die Verletzung des Urheberrechts bedeutungsvoll sind, sondern auch Personen, welche sich darauf beschränken, durch Bereitstellung von Räumlichkeiten die Verletzung zu ermöglichen. So kann beispielsweise der Saalbesitzer, in welchem die kinematographische Vorführung stattfindet, die eine Verletzung des Urheberrechts enthält, als Gehilfe anzusehen sein.

Auch der Druckereibesitzer kann als Gehilfe in Betracht kommen, sofern das subjektive Schuldmoment auch bezüglich seiner Persönlichkeit nachgewiesen werden kann, was allerdings nicht allzuoft der Fall ist.

4. Haftung für Dritte.

Der Geschäftsführer, der einen anderen zu einer Verrichtung bestellt, haftet nach § 831 BGB. für den Schaden, den der andere in Ausführung der Verrichtung einem Dritten widerrechtlich zufügt. Es unterliegt keinem Zweifel, daß diese Bestimmung auch auf die Haftung für die fahrlässige Verletzung eines künstlerischen Urheberrechts Anwendung findet. Vorausgesetzt wird, daß der Angestellte schuldhafterweise gehandelt hat, also vorsätzlich oder fahrlässig. Von der Bestellung zu einer Verrichtung ist die Einholung eines Rates verschieden (RG. im Recht 1916 Nr. 1111). Daher haftet derjenige nicht dem verletzten Urheber, welcher einer Kunstanstalt auf ihre Anfrage die Auskunft gegeben hat, daß der Abdruck eines Bildes in ihrer Zeitschrift oder die sonstige Vervielfältigung erlaubt sei. Die Ersatzpflicht tritt nicht ein, wenn der Geschäftsherr bei Auswahl der bestellten Person die im Verkehr erforderliche Sorgfalt beobachtet hat oder wenn der Schaden auch bei Anwendung dieser Sorgfalt entstanden sein würde. Das Kunstinstitut, welches einen Zeichner anstellt, der schon in seinen früheren Stellungen wegen Verletzung des Urheberrechts bestraft oder auch nur zivilrechtlich in Anspruch genommen wurde, verletzt die im Verkehr erforderliche Sorgfalt. Die Verteilung der Beweislast geht dahin, daß der verletzte Urheber lediglich zu beweisen hat, daß eine von dem Beklagten zur Verrichtung bestellte Person ihm in Ausführung dieser Verrichtung eine Verletzung seines Urheberrechts zugefügt hat; es ist dann Sache des Beklagten, den Entlastungsbeweis bezüglich der Beobachtung der Sorgfalt bei Auswahl und bei Beaufsichtigung des Angestellten zu führen.

Bezüglich der Haftung von Aktiengesellschaften, Gesellschaften mit beschränkter Haftung und anderen juristischen Personen kommt § 31 BGB. in Betracht, bezüglich der Haftung für nicht rechtsfähige Vereine dagegen nur § 831 BGB.

Juristische Personen des öffentlichen Rechts haften nach § 89 BGB. wie Vereine.

III. Der Schaden.

Zu ersetzen ist der Schaden, welcher mit dem Eingriff in das Urheberrecht in ursächlichem Zusammenhang steht. Der Betrag des Schadens bestimmt sich unter entsprechender Anwendung der Bestimmung des § 249 ff. BGB. Von Bedeutung ist für das Kunstschutzgesetz insbesondere die Verpflichtung zum Ersatz des entgangenen Gewinns nach § 252 BGB. Bezüglich der Patentverletzung und der daraus sich ergebenden Schadensersatzverpflichtungen hat die Rechtsprechung des Reichsgerichts angenommen, es könne regelmäßig davon ausgegangen werden, daß dem Patentberechtigten das entgeht, was der Nichtberechtigte in unberechtigter Anwendung des Gegenstandes der Erfindung abgesetzt hat (RGZ. 95 S. 220). Es besteht kein Grund, für das Gebiet des Kunstschutzgesetzes diesen Gedanken nicht entsprechend anzuwenden. Wer ein Bild unberechtigterweise durch photographische Nachahmung vervielfältigt und die vervielfältigten Photographien abgesetzt hat, muß sich die Vermutung entgegenhalten lassen, daß ohne seine rechtswidrige Handlung der Urheber den von ihm erzielten Gewinn erzielt haben würde. Es ist Sache des Gerichts, in Gemäßheit des § 327 ZPO. den Schaden im Einzelfalle zu bestimmen. Wie überhaupt bei der Zusprechung von Schadenersatzbeträgen wegen Verletzung der immateriellen Rechte so tritt in der Praxis auch in diesen Fällen vielfach eine Überspannung der Anforderungen an die Beweislast zutage. Die Urteile sind höchst selten, in welchen derartige Beträge wie in anderen Ländern zugesprochen werden.

IV. Der Anspruch auf Rechnungslegung.

Der Verletzte, welcher Schadenersatz verlangt, hat das Recht, Rechnungslegung bezüglich des Umfanges der Tätigkeit des Beklagten zu fordern. Die Rechtsprechung hat sowohl auf dem Gebiete des Patentrechtes als auch des Warenzeichenrechtes und der anderen immateriellen Rechte den Anspruch auf Rechnungslegung anerkannt, und zwar sowohl im Falle der vorsätzlichen als auch der fahrlässigen Verletzung, gestützt einerseits auf § 429 ff. BGB., andererseits auf § 687 BGB. Der Anspruch auf Rechnungslegung kann mit dem Schadenersatzanspruch verbunden werden, oder man kann auch erst den Anspruch auf Rechnungslegung erheben und den Schadenersatzanspruch dann folgen lassen. Aus praktischen Gründen empfiehlt es sich, zunächst auf Rechnungslegung zu klagen, da hierdurch erst die genaue Grundlage für die Höhe des zu verlangenden Schadens geschaffen wird.

V. Der Anspruch auf Herausgabe der Bereicherung.

Der Anspruch auf Herausgabe der ungerechtfertigten Bereicherung stützt sich auf § 812 und § 818 BGB. Er kann gegen denjenigen geltend gemacht werden, welcher auf Kosten des verletzten Urhebers etwas erhalten hat. Der Anspruch ist von dem subjektiven Verschulden vollständig unabhängig und setzt nur voraus, daß eine Vermögensverschiebung auf Grund der Verletzung des Urheberrechts vorgekommen ist. Die praktische Bedeutung des Bereicherungsanspruches ist auf dem Gebiete des Kunstschutzgesetzes nicht sehr erheblich. Die Geltendmachung desselben ist auch dann möglich, wenn der Schadenersatzanspruch verjährt ist (§ 852 BGB.).

§ 32.

Wer in anderen als den gesetzlich zugelassenen Fällen vorsätzlich ohne Einwilligung des Berechtigten ein Werk vervielfältigt, gewerbsmäßig verbreitet oder gewerbsmäßig mittels mechanischer oder optischer Einrichtungen vorführt, wird mit Geldstrafe bis zu 3000 Mark bestraft. Der gewerbsmäßigen Vorführung steht, soweit die Kinematographie oder ein ihr ähnliches Verfahren angewendet wird, die öffentliche Vorführung gleich.

War die Einwilligung des Berechtigten nur deshalb erforderlich, weil an dem Werke selbst, an dessen Bezeichnung oder an der Bezeichnung des Urhebers Änderungen vorgenommen sind, so tritt Geldstrafe bis zu dreihundert Mark ein.

Soll eine nicht beizutreibende Geldstrafe in Gefängnisstrafe umgewandelt werden, so darf deren Dauer in den Fällen des Abs. 1 sechs Monate, in den Fällen des Abs. 2 einen Monat nicht übersteigen.

I. Die strafrechtliche Sanktion.

Der Paragraph regelt die strafrechtliche Verfolgung der Verletzungen des Urheberrechts; in Übereinstimmung mit dem literarischen Urheberrechtsgesetz ist nur die vorsätzliche Verletzung unter Strafe gestellt. Die Strafandrohungen in diesem Paragraphen wie auch in den folgenden sind nur mit den Änderungen anzuwenden, welche sich aus der Verordnung über Vermögensstrafen und Bußen vom 6. Febr. 1924 (RGBl. S. 44) ergeben.

II. Verhältnis zu § 31.

Die Tatbestände der §§ 31 und 32 decken sich nicht vollständig: in § 31 ist der Fall der Änderung des Werkes als Voraussetzung des Schadensersatzanspruchs nicht berücksichtigt, was in erster Linie darauf zurückzuführen ist, daß in den meisten Fällen, in welchen ohne Einwilligung des Berechtigten eine Änderung an der Bezeichnung des Urhebers oder an dem Werke selbst vorgenommen wird, ein Vermögensschaden für den Urheber nicht entsteht. In den sehr seltenen Fällen, in welchen gleichwohl hieraus für den Urheber ein Schaden entstanden ist, kann der Ersatzanspruch auf § 823 Abs. 1 BGB. gestützt werden.

III. Tatbestand.

1. Der objektive Tatbestand.

Behufs Erfüllung des objektiven Tatbestandes bedarf es der Vollendung der Vervielfältigung, der gewerbsmäßigen Verbreitung, der gewerbsmäßigen oder öffentlichen Vorführung. Die Bedeutung dieser Begriffe ist dieselbe wie in § 15. Bezüglich der Vollendung der strafbaren Handlung in objektiver Hinsicht kommt folgendes in Betracht:

a) Für die Vervielfältigung genügt es, daß auch nur ein Exemplar des Werkes bezw. eines Teiles desselben hergestellt ist.

b) Bezüglich der gewerbsmäßigen Verbreitung ist der Tatbestand vollendet, wenn ein Exemplar einem weiteren Kreise zugänglich gemacht ist.

c) Bezüglich der gewerbsmäßigen und öffentlichen Vorführung ist der Tatbestand vollendet, wenn das Werk mittels optischer oder mechanischer Einrichtungen dritten Personen gezeigt wird. Es ist nicht erforderlich, daß die Schaustellung jedem zugänglich ist. Es genügt beispielsweise, wenn ein Gemälde auf der Ausstellung eines Vereins mittels optischer oder mechanischer Einrichtung vorgeführt wird, welche nur gegen Vorweis der Mitgliedskarte zugänglich ist, auch dann, wenn die Mitgliedskarte einen streng persönlichen Charakter hat.

2. Subjektiver Tatbestand.

a) Vorsatz. Dem Vorsatz im eigentlichen Sinne steht der eventuelle Vorsatz gleich. Wie bezüglich der zivilrechtlichen Folgen genügt es auch in strafrechtlicher Hinsicht, daß der Täter an die Möglichkeit einer Verletzung des Urheberrechts gedacht hat und daß er die Vervielfältigung, Verbreitung usw. auch für den Fall vorgenommen hat, daß die Handlung in ein geschütztes Urheberrecht eingreift.

b) Fahrlässigkeit. In Übereinstimmung mit der Regelung nach dem literarischen Urheberrechtsgesetz ist auch für das Gebiet des Kunstschutzgesetzes die Strafbarkeit für den Fall der fahrlässigen Verletzung nicht vorgesehen.

Bezüglich der Frage der Erkundigungspflicht der Reproduktionsanstalten vgl. die Ausführungen zu § 31 II 1 a.

c) Der Einfluß des Irrtums. Die Berücksichtigung des Irrtums als Strafausschließungsgrund kann lediglich nach Maßgabe des § 59 StGB. erfolgen. Inhaltlich der feststehenden Rechtsprechung hierzu schließt der Irrtum über das Strafgesetz die Bestrafung in keinem Falle aus, also insbesondere dann nicht, wenn der Täter der Meinung war, daß die gesetzliche Schutzfrist erloschen oder daß die Vorführung mittels eines bestimmten Verfahrens nicht als mechanische oder optische Vorführung anzusehen sei. Ein Irrtum darüber, daß die Einwilligung des Urhebers oder seines Rechtsnachfolgers erforderlich ist, gilt als strafrechtlicher Irrtum und ist ohne Bedeutung für die Bestrafung (RGSt. 36, 111). Dagegen verhindert der Irrtum über zivilrechtliche Vorschriften die Bestrafung, er steht dem tatsächlichen Irrtum vollständig gleich.

Bedeutungslos ist es für die Bestrafung, ob durch die unbefugte Vervielfältigung usw. eine Einnahme aus dem Werk erzielt werden sollte oder nicht (RGSt. 37, 66/70). Dieses Moment kann nur einen Einfluß auf die Höhe der Strafe ausüben, daher steht die an sich unstatthafte Vorführung eines Werkes, bei welcher ein Eintrittsgeld nicht erhoben wird und die lediglich zu belehrenden Zwecken erfolgt, z. B. die Darstellung auf einem sogenannten Aufklärungsfilm, der Vorführung, bei welcher ein Eintrittsgeld erhoben wird, vollkommen gleich.

IV. Strafbare Änderungen an dem Werke selbst.

Die Bestimmung des Absatzes 2 ist § 38 Abs. 2 des literarischen Urheberrechtsgesetzes nachgebildet; die strafbare Handlung, welche lediglich dadurch ausgelöst wird, daß die Einwilligung des Berechtigten zu der Änderung nicht eingeholt wurde, ist im Verhältnis zu der in Abs. 1 berücksichtigten eine geringe.

Die Verfolgung der strafbaren Handlung tritt nach § 41 nur auf Antrag des Berechtigten ein. Zurücknahme des Antrags ist statthaft. Die Staatsanwaltschaft erhebt die öffentliche Anklage nur im Falle des Vorhandenseins eines öffentlichen Interesses.

§ 33.

Mit Geldstrafe bis zu 1000 Mark wird bestraft:

1. wer der Vorschrift des § 18 Abs. 3 zuwider vorsätzlich den Namen oder eine sonstige Bezeichnung des Urhebers des Werkes auf der Vervielfältigung anbringt;
2. wer den Vorschriften der §§ 22, 23 zuwider vorsätzlich ein Bildnis verbreitet oder öffentlich zur Schau stellt.

Soll eine nicht beizutreibende Geldstrafe in Gefängnisstrafe umgewandelt werden, so darf deren Dauer zwei Monate nicht übersteigen.

Der Begriff des Vorsatzes ist der gleiche wie in § 32; auch hier steht der eventuelle Vorsatz dem unbedingten gleich. Jedoch kann derselbe bei diesem Vergehen kaum von praktischer Bedeutung werden.

Vollendet ist die strafbare Handlung der öffentlichen Schaustellung eines Bildnisses, wenn dasselbe von einem unbestimmten Personenkreis besichtigt werden kann; ob tatsächlich schon eine Besichtigung stattgefunden hat, ist für die Vollendung des Deliktes unerheblich.

Die Strafverfolgung tritt ebenfalls nur auf Antrag ein. Zurücknahme des Antrags ist zulässig. Bezüglich der Übernahme der Verfolgung seitens der Staatsanwaltschaften gilt das gleiche wie nach § 32.

§ 34.

Wer der Vorschrift des § 13 zuwider vorsätzlich auf dem Werke den Namen oder den Namenszug des Urhebers anbringt, wird mit Geldstrafe bis zu 300 Mark bestraft.

Soll eine nicht beizutreibende Geldstrafe in Gefängnisstrafe umgewandelt werden, so darf deren Dauer einen Monat nicht übersteigen.

Zwischen der Strafbestimmung des § 34 und § 263 bezw. § 267 StGB. kann unter Umständen Gesetzeskonkurrenz bestehen.

Der Vorsatz erfordert nicht die Absicht, eine Verwechselung mit dem Künstler hervorzurufen, dessen Namen oder Namenszug angebracht wird, ebensowenig ist es für den Tatbestand erforderlich, daß der Täter die Absicht hatte, dem Werk einen höheren Kunstwert beizulegen, als es besitzt. Die Absicht spielt überhaupt keine Rolle, maßgeblich ist lediglich, daß in bewußter Weise der Name oder das künstlerische Signet eines anderen angebracht wird.

Notwendig ist, daß die Anbringung auf dem Werke selbst vorgenommen wird, für die Bestrafung reicht es also nicht aus, wenn der Name auf der Staffelei angebracht wird, die in keiner unmittelbaren Verbindung mit dem Kunstwerk steht.

Der in der Kommission des Reichstages gestellte Antrag, ausdrücklich auszusprechen, daß derjenige, welcher weder vorsätzlich noch fahrlässig handelt, verpflichtet sei, dem Berechtigten die ungerechtfertigte Bereicherung herauszugeben, wurde abgelehnt, weil dies im Hinblick auf die Vorschriften des BGB. über ungerechtfertigte Bereicherung nicht erforderlich erscheine.

§ 35.

Auf Verlangen des Verletzten kann neben der Strafe auf eine an ihn zu erlegende Buße bis zum Betrage von 6000 Mark erkannt werden. Die zu dieser Buße Verurteilten haften als Gesamtschuldner.

Eine erkannte Buße schließt die Geltendmachung eines weiteren Anspruchs auf Schadensersatz aus.

Eine Buße kann nur im Strafverfahren zugesprochen werden. Erforderlich ist in allen Fällen der Antrag des Verletzten. Für die Geltendmachung des Anspruchs auf Buße kommen die Bestimmungen in §§ 403 bis 409 der Strafprozeßordnung in Betracht. Der Verletzte, welcher die Zuerkennung einer Buße in einem auf erhobene öffentliche Klage anhängigen Verfahren beantragen will, muß sich zu diesem Behufe der Klage als Nebenkläger anschließen.

Der Antrag auf Zuerkennung der Buße kann bis zu der Verkündung des Urteils erster Instanz gestellt werden. Die Zurücknahme des Antrags ist bis zu der Verkündung des Urteils zulässig. Ein zurückgenommener Antrag kann nicht erneut werden.

Wird der Angeklagte freigesprochen oder das Verfahren eingestellt oder die Sache ohne Urteil erledigt, so gilt auch der Antrag auf Zuerkennung einer Buße ohne weitere Entscheidung für erledigt.

Der Anspruch auf Buße kann von den Erben des Verletzten weder fortgesetzt noch erhoben werden. Der Betrag, welchen der Nebenkläger als Buße verlangt, ist von ihm anzugeben. Nach Art. IV der Verordnung vom 6. Febr. 1924 (RGBl. 44) beträgt der Mindestbetrag der Buße drei Mark, der Höchstbetrag zehntausend Mark. Auf einen höheren Betrag der Buße als den beantragten kann nicht erkannt werden. Diese Bestimmungen finden auch in dem Falle entsprechende Anwendung, wenn von dem die Buße Beanspruchenden Privatklage erhoben wird. Da nach der jetzt geltenden Strafprozeßordnung die Staatsanwaltschaft wegen Verletzung des Urheberrechts die öffentliche

Anklage nur erhebt, wenn die Bestrafung im öffentlichen Interesse geboten ist, so ist die Bedeutung der letzteren Bestimmung eine größere wie früher.

Bezüglich der Haftung mehrerer Personen als Gesamtschuldner für die Buße kommt § 423 BGB. in Anwendung.

Hat der Verletzte schon vor Zuerkennung einer Buße die Verurteilung zum Schadensersatz beantragt so ist auf den Betrag dieses die zuerkannte Buße in Anrechnung zu bringen.

§ 36.

Die in den §§ 31, 32 bezeichneten Handlungen sind auch dann rechtswidrig, wenn das Werk nur zu einem Teile vervielfältigt, verbreitet oder vorgeführt wird.

Das Recht des Urhebers wird nicht nur durch die Nachahmung des Werkes in seiner Totalität verletzt, sondern auch durch die Vervielfältigung eines Teiles. Ob der Teil im Verhältnis zum Ganzen ein größerer oder kleinerer ist, ist rechtlich ohne Bedeutung. Dem Wesen der bildenden Künste und des Kunstgewerbes entspricht es, daß bei der Frage, ob ein Teil vervielfältigt wurde, vor allem die qualitative und nicht die quantitative Seite berücksichtigt wird. Die Nachbildung des Kopfes eines die ganze Figur darstellenden Gemäldes kann wegen der Bedeutung des Kopfes für das Ganze zweifellos als Nachahmung zu betrachten sein. Bei einem Bauwerk wird der Tatbestand der Verletzung unter Umständen schon in dem Nachbauen eines Erkers, eines Giebels usw. erblickt werden müssen. Die Zulässigkeit der Aufnahme einzelner Nachbildungen ist ein für den Schul- oder Unterrichtsgebrauch bestimmtes Werk nach § 19 und wird selbstverständlich durch die vorstehende Bestimmung nicht beeinträchtigt.

§ 37.

Die widerrechtlich hergestellten, verbreiteten oder vorgeführten Exemplare und die zur widerrechtlichen

Vervielfältigung oder Vorführung ausschließlich bestimmten Vorrichtungen, wie Formen, Platten, Steine, unterliegen der Vernichtung. Das gleiche gilt von den widerrechtlich verbreiteten oder öffentlich zur Schau gestellten Bildnissen und den zu deren Vervielfältigung ausschließlich bestimmten Vorrichtungen. Ist nur ein Teil des Werkes widerrechtlich hergestellt, verbreitet oder vorgeführt, so ist auf Vernichtung dieses Teiles und der entsprechenden Vorrichtungen zu erkennen.

Gegenstand der Vernichtung sind alle Exemplare und Vorrichtungen, welche sich im Eigentume der an der Herstellung, der Verbreitung, der Vorführung oder der Schaustellung Beteiligten sowie der Erben dieser Personen befinden.

Auf die Vernichtung ist auch dann zu erkennen, wenn die Herstellung, die Verbreitung, die Vorführung oder die Schaustellung weder vorsätzlich noch fahrlässig erfolgt. Das gleiche gilt, wenn die Herstellung noch nicht vollendet ist.

Die Vernichtung hat zu erfolgen, nachdem dem Eigentümer gegenüber rechtskräftig darauf erkannt ist. Soweit die Exemplare oder die Vorrichtungen in anderer Weise als durch Vernichtung unschädlich gemacht werden können, hat dies zu geschehen, falls der Eigentümer die Kosten übernimmt.

Vorstehende Bestimmungen finden auf Bauwerke keine Anwendung.

I. Die Vernichtung.
   1. Die gänzliche Vernichtung.
   2. Die teilweise Vernichtung.

II. Voraussetzung der Vernichtung.
   1. Rechtswidrige Handlung.
   2. Eigentum des Verletzers und der anderen Personen.

I. Die Vernichtung.

Die dem Gesetze bekannte Maßnahme der Vernichtung der widerrechtlich hergestellten Exemplare und Formen zur Herstellung hat nicht den Charakter einer Strafe, sondern sie ist eine Sicherungsmaßnahme zugunsten des Berechtigten, welche bezweckt, einen rechtswidrigen Zustand zu beseitigen. Der Vernichtungsanspruch des Verletzten ist ein weitergehender wie der Unterlassungsanspruch, er besteht so lange, als überhaupt rechtswidrig hergestellte Exemplare bei den Personen vorhanden sind, die sich des Eingriffs in das Urheberrecht schuldig gemacht haben. Die Vernichtung ist entweder eine gänzliche oder eine teilweise.

1. Gänzliche Vernichtung.

Die gänzliche Vernichtung hat dann einzutreten, wenn die Nachbildung vollendet ist. Solange noch widerrechtlich hergestellte Exemplare vorhanden sind, ist bei den Eigentümern der betreffenden Personen die Vernichtung auch dann noch zulässig, wenn zur Zeit des Ausspruchs der Vernichtung der Urheberschutz bereits erloschen ist. Anders verhält es sich mit der Vernichtung der Vorrichtungen zur widerrechtlichen Verbreitung und Vorführung; soweit dieselben hierfür ausschließlich bestimmt sind, kann nach dem Erlöschen des Urheberrechtsschutzes auf Vernichtung nicht mehr erkannt werden.

2. Teilweise Vernichtung.

Auf teilweise Vernichtung ist dann zu erkennen, wenn nur ein Teil des Werkes nachgebildet ist, insbesondere auch dann, wenn dieser nachgebildete Teil im Verhältnis zu dem nicht nachgebildeten der wesentlichste ist.

II. Voraussetzung der Vernichtung.

1. Rechtswidrige Handlung.

Die Vernichtung als Sicherungsmaßnahme und Mittel zur Beseitigung eines rechtswidrigen Zustandes ist von dem subjektiven Schuldmoment vollständig unabhängig; es genügt für ihre Anwendung die Feststellung, daß objektiv ein Eingriff in das Urheberrecht durch Vervielfältigung usw. begangen worden ist.

2. Eigentum des Verletzers und der anderen Personen.

Nur gegenüber dem Eigentümer kann die Vernichtung ausgesprochen werden, nicht aber gegenüber denjenigen Personen, welche lediglich im Besitze der Exemplare, Platten usw. sind. Nachgedruckte Bilder und andere Kunstwerke, welche an Dritte bereits verkauft sind, unterliegen hiernach der Vernichtung nicht, dagegen diejenigen Exemplare, welche unter Vorbehalt des Eigentums verkauft sind, auch dann, wenn nur noch ein kleiner Teil des Kaufpreises zu bezahlen ist. Das gleiche gilt von Kunstheften Zeichnungen, Bildern, kunstgewerblichen Erzeugnissen, welche von dem Kunsthändler Kunden zur Ansicht zugeschickt worden sind oder einer Ausstellungskommission zum Zwecke der Ausstellung überlassen wurden.

3. Vorbereitung der Herstellung.

Solange es sich nur um Vorbereitungshandlungen im strafrechtlichen Sinne handelt, ist die Vernichtung unzulässig, es muß vielmehr mit der Herstellung bereits angefangen worden sein. Daher ist die Vernichtung von Platten, Formen und Steinen, welche zum Zwecke der Nachahmung eines geschützten Kunstwerks bereits angeschafft worden sind, auch dann unzulässig, wenn der dringende Verdacht besteht, daß dieselben lediglich zum Zwecke der unerlaubten Vervielfältigung angeschafft wurden.

4. Rechtskräftige Verurteilung.

Die Vernichtung hat zur Voraussetzung, daß eine rechtskräftige Entscheidung dieselbe angeordnet hat; es kann sowohl eine strafgerichtliche als auch eine zivilgerichtliche Entscheidung in Frage kommen.

III. Ausnahmestellung von Bauwerken.

Eine Vernichtung von Bauwerken findet nicht statt, auch nicht bei Teilen von Bauwerken, daher ist die Vernichtung eines als Fresko an einem Bauwerk angebrachten Werks nicht zulässig, wie überhaupt mit Kohler anzunehmen ist, daß die Vernichtung bezüglich aller Kunstwerke ausgeschlossen ist, die durch die Verbindung mit dem Boden unbeweglichen Charakter angenommen haben (vgl. Kohler, Kunstwerkrecht S. 113).

IV. Das Unschädlichmachen.

Im Interesse der Vermeidung der Vernichtung von künstlerischen Werken kann an Stelle der Vernichtung die Unschädlichmachung auf Antrag des Eigentümers ausgesprochen werden, sofern er die hiermit verbundenen Kosten übernimmt. Das Unschädlichmachen ist eine wesentliche Milderung der Vernichtung und verhütet die Materialzerstörung, ohne daß die Rechte des Verletzten beinträchtigt werden. So kann beispielsweise durch Übermalen eines Gemäldes die Nachahmung unschädlich gemacht werden, ferner durch Abschleifen von Platten, Auseinandernehmen von Formen usw. Soweit es sich um ein Zivilverfahren handelt, unterliegt es keinem Zweifel, daß der Eigentümer den hierauf gerichteten Antrag noch im Zwangsvollstreckungsverfahren stellen kann. Die Entscheidung darüber ist Sache des Vollstreckungsrichters, da es sich um eine Maßnahme der Zwangsvollstreckung handelt.

§ 38.

Der Verletzte kann statt der Vernichtung verlangen, daß ihm das Recht zuerkannt wird, die Exemplare und

Vorrichtungen ganz oder teilweise gegen eine angemessene, höchstens dem Betrage der Herstellungskosten gleichkommende Vergütung zu übernehmen.

Das Gesetz gibt dem Verletzten die Wahl, ob er die Vernichtung oder die Überlassung an sich beantragen will. Stellt der Verletzte den Antrag auf Übernahme, so muß ihm das Gericht entsprechen. Der Antrag braucht das Angebot einer bestimmten Summe nicht zu enthalten, vielmehr ist die Festsetzung des Betrags Sache des Gerichts, welches aber in keinem Falle über die Herstellungskosten hinausgehen darf. Mit dem Urteil, welches die Übernahme gegen eine bestimmte Summe ausspricht, geht das Eigentum an den Exemplaren, Platten usw. noch nicht auf den Antragsteller über, vielmehr erlangt er hierdurch erst einen obligatorischen Anspruch auf die Übertragung des Eigentums. Das Eigentum selbst wird erst durch die Übergabe, und zwar Zug um Zug mit Zahlung des vom Gericht bestimmten Betrags, erworben. Zahlt der Verletzte den Betrag nicht, so kann er immer noch die Vernichtung beantragen. Eine bestimmte Form für den Antrag ist nicht vorgeschrieben, es genügt, daß der Wille des Verletzten dem zuständigen Gericht in deutlicher Weise erkennbar gemacht wird.

§ 39.

Unterliegt auf Grund des § 37 Abs. 1 ein Sammelwerk oder eine sonstige, aus mehreren verbundenen Werken bestehende Sammlung nur zum Teil der Vernichtung, so kann der Eigentümer von Exemplaren, die Gegenstand der Vernichtung sein würden, beantragen, daß ihm die Befugnis zugesprochen werde, die Vernichtung durch Zahlung einer Vergütung an den Verletzten abzuwenden und die Exemplare gewerbsmäßig zu verbreiten. Der Antrag ist unzulässig, wenn der Eigentümer die ausschließliche Befugnis des Urhebers vorsätzlich oder fahrlässig verletzt hat.

Das Gericht kann dem Antrag entsprechen, sofern durch die Vernichtung dem Eigentümer ein unverhältnismäßiger Schaden entstehen würde. Den Betrag der Vergütung bestimmt das Gericht nach billigem Ermessen.

Auf die Vernichtung eines den Vorschriften der §§ 22, 23 zuwider verbreiteten oder zur Schau gestellten Bildnisses finden diese Vorschriften keine Anwendung.

I. Abwendung des Vernichtungsanspruchs.
II. Antrag des Eigentümers.
III. Freies Ermessen des Gerichts.
IV. Zuständiges Gericht.
V. Verfahren.

1. Abwendung des Vernichtungsanspruchs.

Die Bestimmung beruht auf Erwägungen der Billigkeit und will verhüten, daß die Vernichtung von Teilen von Sammelwerken und ähnlichen Werken auch dann erfolge, wenn der Wert der von der Vernichtung bedrohten Exemplare und Vorrichtungen erheblich höher ist als der Schaden, welchen der Verletzte erlitten hat. In diesem Falle soll der an der Verletzung des Urheberrechts schuldlose Eigentümer von Exemplaren vor zuweitgehender Schädigung dadurch bewahrt werden können, daß ihm das Recht gewährt wird, die Abwendung des Vernichtungsanspruchs durch Zahlung einer Vergütung bewirken zu können. Nur bei Sammelwerken im Sinne des § 6 oder bei Sammelwerken aus mehreren verbundenen Werken kann der Vernichtungsanspruch in dieser Weise abgewendet werden, und auch nur dann, wenn lediglich einzelne Teile der Vernichtung an sich unterliegen würden. Unzulässig ist dagegen der Antrag, wenn die Vernichtung sich auf das ganze Sammelwerk bezw. auf die ganze Sammlung erstreckt.

II. Antrag des Eigentümers.

Der Antrag auf Abwendung der Vernichtung kann nur von dem Eigentümer eines Exemplares gestellt werden, welches Gegenstand der Vernichtung sein würde. In subjektiver Hinsicht ist erforderlich, daß der Eigentümer die ausschließliche Befugnis des Urhebers weder vorsätzlich noch fahrlässig verletzt hat. Die Bedeutung der beiden Begriffe ist die gleiche wie in § 31, mit anderen Worten: der Eigentümer hat nur dann Anspruch auf die Abwendung der Vernichtung, wenn ein Verschulden auf seiner Seite nicht vorhanden ist. Es ist selbstverständlich, daß der Antragsteller beweisen muß, daß ihm das Eigentum an dem betreffenden Exemplar zusteht.

III. Freies Ermessen des Gerichts.

Sofern durch die Vernichtung dem Eigentümer ein unverhältnismäßiger Schaden entstehen würde, kann dem Antrag seitens des Gerichts entsprochen werden. Eine Verpflichtung des Gerichts, demselben zu entsprechen, besteht auch dann nicht, wenn diese Voraussetzung zutrifft, indessen ist es selbstverständlich, daß das Gesetz von der Annahme ausgeht, daß die Gerichte die Abwendung des Vernichtungsanspruchs aussprechen, sofern die subjektiven und objektiven Voraussetzungen gegeben sind. Unverhältnismäßig ist der Schaden dann, wenn der Wert der zu vernichtenden Exemplare und Vorrichtungen bei weitem den Betrag des Schadens übersteigt, welcher durch die Verletzung des Urheberrechts an sich entstanden ist.

Wird dem Antrag entsprochen, so muß gleichzeitig die von dem Eigentümer zu zahlende Vergütung seitens des Gerichts festgestellt werden.

IV. Zuständiges Gericht.

Der Antrag ist bei dem Gericht einzureichen, welches über den Vernichtungsanspruch zu entscheiden hat (vgl. § 45).

V. Verfahren.

Das Verfahren richtet sich nach § 45.

§ 40.

Wer der Vorschrift des § 19 Abs. 2 zuwider unterläßt, die benutzte Quelle anzugeben, wird mit Geldstrafe bis zu 150 Mark bestraft.

Die Bestimmung entspricht der Vorschrift des § 44 des literarischen Urheberrechtsgesetzes.

Der Nichtangabe der Quelle steht die undeutliche oder unvollständige Quellenangabe gleich; letztere ist insbesondere dann vorhanden, wenn zwar das Werk, nicht aber der aus demselben ersichtliche Name des Verfassers angegeben ist.

Die Nichtangabe der Quelle ist strafrechtlich als Übertretung konstruiert; zur Strafbarkeit wird vorausgesetzt, daß der Täter vorsätzlich oder fahrlässig gehandelt hat.

Die Strafverfolgung tritt nur auf Antrag ein.

Ein Anspruch auf Buße oder Vernichtung wegen Unterlassung der Quellenangabe ist nicht zulässig, wohl aber kann ein Anspruch auf Schadensersatz nach §§ 823, 826 BGB. geltend gemacht werden, sofern durch die Unterlassung der Quellenangabe Schaden entstanden ist.

§ 41.

Die Strafverfolgung in den Fällen der §§ 32, 33, 40 tritt nur auf Antrag ein. Die Zurücknahme des Antrags ist zulässig.

I. Recht zur Stellung des Strafantrags.
II. Form des Strafantrags.
III. Privatklage und Strafantrag.
IV. Zurücknahme des Strafantrags.

I. Recht zur Stellung des Strafantrags.

Berechtigt zu der Stellung des Strafantrags ist der Urheber; derselbe bleibt antragsberechtigt auch dann, wenn er sein Recht ganz oder teilweise auf andere übertragen hat. Dies folgt daraus, daß die Antragsbefugnis ein Ausfluß des Persönlichkeitsrechts ist, weil die berechtigte Person und damit die Persönlichkeit verletzt wird, so Kohler, Kunstwerkrecht S. 122. Ist der Urheber verstorben, so steht das Recht des Strafantrags seinen Erben nicht zu.

Juristische Personen des öffentlichen Rechts, welche nach § 5 als Urheber anzusehen sind, können Strafantrag stellen, und zwar durch diejenigen Personen, welche zu ihrer Vertretung befugt sind.

Sind mehrere Personen als Miturheber vorhanden, so hat jeder von ihnen selbständig das Strafantragsrecht.

II. Form des Antrags.

Nach § 156 Abs. 2 StPO. muß der Antrag bei einem Gericht oder der Staatsanwaltschaft schriftlich oder zu Protokoll, bei einer anderen Behörde, also einer Verwaltungsbehörde, den Beamten des Polizei- und Sicherheitsdienstes, schriftlich angebracht werden. Die Frist für die Stellung des Strafantrags bestimmt sich nach § 61 StGB.

Die Stellung des Strafantrags durch einen Bevollmächtigten ist zulässig. Da es lediglich darauf ankommt, daß der Wille des Antragsberechtigten, eine Verfolgung herbeizuführen, erkenntlich gemacht ist, so ist sowohl schriftliche als auch mündliche als auch stillschweigende Bevollmächtigung zur Stellung des Strafantrags genügend (RGSt. 19, 7; 44, 348; Leipziger Zeitschrift 1914 S. 479). Ob in dem Strafantrag die strafbare Handlung richtig oder unrichtig bezeichnet wird, ist für die Verfolgung gleichgültig; die falsche rechtliche Bezeichnung der Straftat schadet dem Strafantrag nicht (vgl. RG. in M. u. W. 13, 378). Die Tatsache, daß eine genügende Bevollmächtigung innerhalb der Antragsfrist erteilt wurde, kann auch nach deren Ablauf noch nachgewiesen werden (RG. v. 9. Mai 1913, Gewerblicher Rechtsschutz 1914 S. 91). Eine Verlesung des Strafantrags in der Hauptverhandlung ist nicht erforderlich (RG. v. 7. Nov. 1913, M. u. W. 13, 320).

III. Privatklage und Strafantrag.

Nach § 374 StPO. in der Fassung auf Grund der Verordnung vom 22. März 1924 (RGBl. I 322) und der Bekanntmachung des Reichsjustizministers vom 22. März 1924 (RGBl. I S. 299) können alle Verletzungen des literarischen, künstlerischen und gewerblichen Urheberrechts, soweit sie als Vergehen strafbar sind, im Wege der Privatklage seitens des Verletzten verfolgt werden, ohne daß es einer vorgängigen Anrufung der Staatsanwaltschaft bedarf. Nach § 376 StPO. wird die öffentliche Klage wegen der in § 374 bezeichneten strafbaren Handlungen nur dann von der Staatsanwaltschaft erhoben, wenn dies im öffentlichen Interesse liegt. Übernimmt die Staatsanwaltschaft die Verfolgung, so richtet sich das weitere Verfahren nach § 395 ff. Der Verletzte, welcher Strafantrag gestellt hat, kann sich der erhobenen öffentlichen Klage als Nebenkläger anschließen.

Die Stellung des Strafantrags ist bis zu der Urteilsfällung mit Rechtswirksamkeit möglich, sogar noch in der Berufungsinstanz (RG. v. 9. Mai 1913, in Gewerblicher Rechtsschutz 1914 S. 92), dagegen nicht in der Revisionsinstanz (RGSt. 46, 48).

Sind mehrere Verletzte vorhanden, so wird durch den von dem einen gestellten Strafantrag das Antragsrecht des anderen nicht ausgeschlossen. Erst mit dem die Strafklage erledigenden Urteil tritt eine Erledigung aller einzelnen Strafantragsbefugnisse ein (RG. v. 9. Mai 1913 in Gewerblicher Rechtsschutz 1914 S. 92).

Liegen mehrere Verletzungen des Urheberrechts vor, so muß wegen jeder derselben Strafantrag gestellt werden; der wegen der einen derselben gestellte Strafantrag bildet keinen Ersatz für den Mangel der prozessualen Voraussetzung der Strafverfolgung bezüglich der anderen (RGSt. 6, 371; 18, 273; 32, 82; 46, 48).

IV. Zurücknahme des Strafantrags.

Der Strafantrag kann bis zu der Verkündung eines auf Strafe autenden Urteils in jeder Instanz zurückgenommen werden. Für die Form der Zurücknahme bestehen keine Vorschriften, es kann daher auch nur die Form verlangt werden, welche für den Antrag selbst vorgeschrieben ist; es kommt nur darauf an, daß der bestimmte, die Zurückziehung unzweideutig enthaltende Wille zur Kenntnis des Gerichts bezw. der Behörde gelangt ist, welche in dem betreffenden Zeitpunkt mit der Sache befaßt ist. Eine unbestimmte Erklärung hat auf keinen Fall die Bedeutung der Zurücknahme, daher ist die Erklärung, der Antrag solle zurückgenommen sein, falls die Staatsanwaltschaft aus dem bisherigen Ergebnis die Überzeugung gewonnen habe, daß sich eine Anklage nicht mit Erfolg vertreten lasse, nicht als Zurücknahme zu erachten (Recht 1909 S. 347 Nr. 1638).

Zu der Zurücknahme befugt ist derjenige, welcher den Antrag gestellt hat. Soweit für den Antrag die Vertretung zulässig ist, muß die Zulässigkeit der Zurücknahme durch den Vertreter ebenfalls anerkannt werden.

Die Zurücknahme wirkt gegenüber allen Personen, welche an der strafbaren Handlung beteiligt sind; das Verfahren ist bezüglich aller einzustellen (§ 260 StPO.).

Die Zurücknahme erledigt die Angelegenheit endgültig; ein Widerruf der Zurücknahme ist ebensowenig möglich wie die Stellung eines neuen Strafantrags wegen derselben Handlung.

Nach § 470 StPO. hat die Zurücknahme des Antrags die Folge, daß der Antragsteller die Kosten des eingestellten Verfahrens zu tragen hat, welches durch den Strafantrag bedingt war.

§ 42.

Die Vernichtung der Exemplare und der Vorrichtungen kann im Wege des bürgerlichen Rechtsstreits oder im Strafverfahren verfolgt werden.

Der Verletzte hat die Wahl, ob er den Anspruch auf Vernichtung der Exemplare und Vorrichtungen im Wege des Strafverfahrens oder im Wege des bürgerlichen Rechtsstreites verwirklichen will; wählt er den Weg des bürgerlichen Rechtsstreits, so muß er gegen den Eigentümer Klage auf Vernichtung erheben, und zwar entweder die selbständige Klage oder in Verbindung mit der Klage auf Unterlassung bezw. Schadensersatz. Die Feststellungsklage ist an und für sich unter Umständen zulässig, allerdings nur dann, wenn sich der Zweck nicht mit der Leistungsklage erreichen läßt, was regelmäßig der Fall ist, so daß die Feststellungsklage insoweit praktisch kaum von Bedeutung ist. Zur Sicherung des Anspruchs auf Vernichtung sind sowohl einstweilige Verfügungen als auch die Anordnung des Arrestes zulässig.

Im Strafverfahren ist die selbständige Stellung des Anspruchs auf Vernichtung ebenso zulässig wie die Verbindung mit der Strafverfolgung.

Die Vernichtung ist auf Antrag des Verletzten auch dann auszusprechen, wenn in der Hauptsache der Angeklagte um deswillen freigesprochen worden ist, weil er sich bei der Verletzung des Urheberrechts in dem tatsächlichen Irrtum befand, daß der Künstler sein Urheberrecht preisgegeben und die Vervielfältigung des Werkes gestattet habe (RG. v. 14. Mai 1914, Recht 1918 Nr. 2200).

Einer besonderen Legitimation für den Antrag auf Vernichtung bedarf es für den Vertreter des Verletzten, welcher Vollmacht für das Zivilprozeßverfahren hat, nicht (RGSt. 22, 258).

§ 43.

Auf die Vernichtung von Exemplaren oder Vorrichtungen kann auch im Strafverfahren nur auf besonderen Antrag des Verletzten erkannt werden. Die Zurücknahme des Antrags ist bis zur erfolgten Vernichtung zulässig.

Der Verletzte kann die Vernichtung von Exemplaren oder Vorrichtungen selbständig verfolgen. In diesem Falle finden die §§ 477 bis 479 der Strafprozeßordnung mit der Maßgabe Anwendung, daß der Verletzte als Privatkläger auftreten kann.

I. Besonderer Antrag auf Vernichtung.
II. Zurücknahme desselben.
III. Selbständige Verfolgung des Vernichtungsanspruchs.

I. Besonderer Antrag auf Vernichtung.

In allen Fällen ist für die Vernichtung von Exemplaren oder Vorrichtungen auch im Strafverfahren ein besonderer Antrag erforderlich; der Antrag auf Strafverfolgung schließt den Antrag auf Vernichtung nicht mit ein, jedoch kann der Antrag auf Vernichtung schon mit dem Antrag auf Strafverfolgung verbunden werden.

Bezüglich des Rechts, den Antrag auf Vernichtung zu stellen, gilt das gleiche wie bezüglich des Rechts, den Antrag auf Strafverfolgung zu stellen.

Eine besondere Form ist auch für diesen Antrag nicht erforderlich, es genügt der deutlich bekundete Wille, der auf die Vernichtung der Exemplare oder Vorrichtungen gerichtet ist.

II. Zurücknahme desselben.

Der Antrag auf Vernichtung kann solange gestellt werden, als widerrechtlich hergestellte, verbreitete oder vorgeführte Exemplare und Vorrichtungen überhaupt noch vorhanden sind, die Zurücknahme ist nicht nur zulässig bis zur Verkündung des auf Vernichtung lautenden Urteils, sondern bis zu der tatsächlich erfolgten Vernichtung.

III. Selbständige Verfolgung des Vernichtungsanspruchs.

Der Anspruch auf Vernichtung kann von dem Berechtigten im Wege des objektiven Strafverfahrens nach §§ 430 bis 433 StPO. selbständig geltend gemacht werden, und zwar ist der Antrag bei dem Gerichte zu stellen, welches für den Fall der Verfolgung einer bestimmten Person zuständig wäre. Die Verhandlung und Entscheidung erfolgt in einem Termin, auf welche die Bestimmungen über die Hauptverhandlung entsprechende Anwendung finden. Personen, welche einen rechtlichen Anspruch auf den Gegenstand der Vernichtung haben, sind, soweit dies ausführbar erscheint, zu dem Termine zu laden. Sie können alle Befugnisse ausüben, welche einem Angeklagten zustehen, sich auch durch einen mit schriftlicher Vollmacht versehenen Verteidiger vertreten lassen; durch ihr Nichterscheinen wird das Verfahren und die Urteilsfällung nicht aufgeschoben. Das objektive Verfahren wird entweder durch die Staatsanwaltschaft oder durch den Verletzten als Privatkläger betrieben. Gegen das Urteil, welches in dem Verfahren ergeht, stehen die Rechtsmittel sowohl der Staatsanwaltschaft als auch dem Privatkläger und den vorgenannten Personen zu.

§ 44.

Die §§ 42, 43 finden auf die Verfolgung des in § 38 bezeichneten Rechtes entsprechende Anwendung.

Der Verletzte kann den Anspruch auf Übernahme der Exemplare an Stelle der Vernichtung ebenfalls sowohl im Wege des bürgerlichen Rechtsstreites als auch im Wege des Strafverfahrens geltend machen, und zwar in diesem entweder selbständig oder in Verbindung mit dem Verfahren auf Strafverfolgung. In allen Fällen ist auch bezüglich dieses Rechts ein besonderer Antrag erforderlich, dessen Zurücknahme nicht nur bis zur Verkündung des Urteils zulässig ist, durch welches der Anspruch auf Übernahme gegen bestimmte Vergütung anerkannt wird, sondern bis zu der tatsächlich erfolgten Übernahme der betreffenden Exemplare oder Vorrichtungen.

§ 45.

Der in § 39 bezeichnete Antrag ist, falls ein auf die Vernichtung gerichtetes Verfahren bereits anhängig ist, in diesem Verfahren zu stellen. Ist ein Verfahren

noch nicht anhängig, so kann der Antrag nur im Wege des bürgerlichen Rechtsstreits bei dem Gericht angebracht werden, das für den Antrag auf Vernichtung der Exemplare zuständig ist.

Dem Eigentümer kann im Wege einer einstweiligen Anordnung gestattet werden, die Vernichtung durch Sicherheitsleistung abzuwenden und die Exemplare gewerbsmäßig zu verbreiten; soll die Anordnung im Wege des bürgerlichen Rechtsstreits getroffen werden, so finden die Vorschriften über die einstweiligen Verfügungen Anwendung.

Wird dem Eigentümer nicht die Befugnis zugesprochen, die Vernichtung durch Zahlung einer Vergütung an den Verletzten abzuwenden und die Exemplare gewerbsmäßig zu verbreiten, so hat er, soweit auf Grund der einstweiligen Anordnung Exemplare von ihm verbreitet worden sind, dem Verletzten eine Vergütung zu gewähren. Den Betrag der Vergütung bestimmt das Gericht nach billigem Ermessen.

Wie die Motive ausführen, hat der Eigentümer regelmäßig ein großes Interesse daran, möglichst bald zu wissen, ob er die an sich widerrechtlich hergestellten Exemplare verbreiten darf oder nicht. Dieserhalb gestattet ihm das Gesetz, solange ein auf die Vernichtung gerichtetes Verfahren noch nicht anhängig ist, auch seinerseits als Kläger im Wege des Zivilprozesses vorzugehen, und es ist weiter Vorsorge getroffen, daß durch einstweilige Anordnung des Gerichtes dem Eigentümer die betreffende Erlaubnis gegen Sicherheitsleistung sofort erteilt werden kann.

Es muß also unterschieden werden, ob gegen den Eigentümer eines Sammelwerks bezw. einer aus mehreren verbundenen Werken bestehenden Sammlung ein Verfahren behufs Vernichtung der Exemplare bereits anhängig ist oder nicht. Ist das Verfahren bereits anhängig, so muß er seinen Antrag in diesem stellen; ist ein Verfahren noch nicht anhängig, so muß er gegen den Verletzten Klage mit dem Antrag erheben, daß ihm gestattet werde, die Vernichtung durch Zahlung einer Vergütung an den Verletzten abzuwenden. Die Klage gehört in allen Fällen, in welchen die Zuständigkeit des Landgerichtes mit Rücksicht auf den vorhandenen Wert von über 500 Mark gegeben ist, vor die Zivilkammer; die Kammer für Handelssachen ist auch dann nicht zuständig, wenn der Beklagte Kaufmann im Sinne des HGB. ist.

Der Erlaß einer einstweiligen Verfügung nach Abs. 2 richtet sich nach den Bestimmungen der §§ 938 ff. ZPO. Hat das Gericht eine einstweilige Anordnung im Sinne des Absatzes 2 erlassen, ohne daß die Hauptsache bereits anhängig ist, so ist gleichzeitig dem Antragsteller aufzugeben, binnen einer zu bestimmenden Frist Klage zu erheben.

Ist eine einstweilige Anordnung erlassen worden, so können die auf Grund derselben von dem Eigentümer verbreiteten Exemplare auch dann nicht vernichtet werden, wenn in dem Urteil zur Hauptsache sein Antrag abgelehnt und die Weiterverbreitung der Exemplare nicht gestattet wird. Es können also die auf Grund der einstweiligen Anordnung verbreiteten Exemplare auch dann nicht mehr vernichtet werden, wenn sie sich in den Händen der Sortimentsbuchhändler befinden, sofern sie nach Erlaß der einstweiligen Verfügung verbreitet worden sind. Wird die einstweilige Verfügung, welche zugunsten des Eigentümers erlassen worden ist, wieder aufgehoben, so kann der Verletzte Ersatz des ihm durch die einstweilige Verfügung, d. h. durch die Suspension der Vernichtung, entstandenen Schadens nach § 945 ZPO. nicht verlangen, denn durch die von dem Gerichte festgesetzte Vergütung, welche der Eigentümer der Exemplare an den Verletzten zu zahlen hat, ist der Schaden des Verletzten abgegolten und es bleibt für die Anwendung des § 945 ZPO. kein Raum.

Ist dem Antrag des Eigentümers durch Urteil im Zivilprozeß stattgegeben, so kann er, wenn die von dem Gericht festgesetzte, dem Verletzten zu zahlende Vergütung nach seiner Auffassung zu hoch ist, gegen das Urteil Berufung einlegen.

Stellt der Eigentümer den Antrag auf Erlaß einer einstweiligen Anordnung im anhängigen Strafverfahren, so kann er, wenn derselbe abgelehnt wird, hiergegen Beschwerde einlegen.

§ 46.

Für sämtliche Bundesstaaten sollen Sachverständigenkammern bestehen, die verpflichtet sind, auf Erfordern der Gerichte und der Staatsanwaltschaften Gutachten über die an sie gerichteten Fragen abzugeben.

Die Sachverständigenkammern sind befugt, auf Anrufen der Beteiligten über Schadensersatzansprüche, über die Vernichtung von Exemplaren oder Vorrichtungen sowie über die Zuerkennung des im § 38 bezeichneten Rechtes als Schiedsrichter zu verhandeln und zu entscheiden.

Der Reichskanzler erläßt die Bestimmungen über die Zusammensetzung und den Geschäftsbetrieb der Sachverständigenkammern.

Die einzelnen Mitglieder der Sachverständigenkammern sollen nicht ohne ihre Zustimmung und nicht ohne Genehmigung des Vorsitzenden von den Gerichten als Sachverständige vernommen werden.

Die Anhörung der Sachverständigenkammern ist in das Ermessen der Gerichte gestellt. In der Praxis werden die Kammern regelmäßig gehört, wenn es sich um Fragen handelt, welche die Bestimmungen des Gesetzes berühren; dies ist auch um deswillen gerechtfertigt, weil die technischen Fragen bei Anwendung des Kunstschutzgesetzes eine viel größere Rolle spielen wie bei Anwendung des literarischen Urheberrechtsgesetzes und außerdem auch die Sachkunde der Kammern auf diesem Gebiet vielfach eine besonders eingehende ist.

Das Gericht ist zur Ladung eines Mitgliedes der Sachverständigenkammern behufs Vertretung des von der Kammer erstatteten schriftlichen Gutachtens in der Gerichtsverhandlung ohne vorherige Anhörung der Kammer nicht berechtigt, sondern muß zunächst die Kammer ersuchen, ihrerseits ein Mitglied zu dem Termin zu entsenden (RGSt. 44, 400).

Die Kammern sind nicht befugt, Gutachten auf Ansuchen von Privatpersonen abzugeben, andererseits sind sie auch nicht verpflichtet, anderen Behörden als den Gerichten oder Staatsanwaltschaften Gutachten zu erstatten. Das Ersuchen einer Verwaltungsbehörde, einer öffentlich-rechtlichen Versicherungsanstalt um Erstattung eines Gutachtens kann also von der Sachverständigenkammer ohne weiteres abgelehnt werden.

Was die Übernahme von schiedsrichterlichen Funktionen anlangt, so ermächtigt das Gesetz die Kammern hierzu, jedoch nur unter der Voraussetzung, daß es sich um einen Antrag der beiden beteiligten Parteien handelt und um Schadensersatzansprüche, Vernichtung von Exemplaren oder Vorrichtungen sowie Übernahme der Exemplare und Vorrichtungen durch den Verletzten gegen eine angemessene Vergütung. Wenn auch das Gesetz von den Kammern als solchen bezüglich der Übernahme schiedsrichterlicher Funktionen spricht, so steht doch nichts im Wege, daß die Parteien ein bestimmtes Mitglied einer Kammer zum Schiedsrichter in einer bestimmten Angelegenheit bestellen.

Übernimmt die Kammer die schiedsrichterlichen Funktionen, so finden auf das Verfahren die Bestimmungen der § 1026 ff. ZPO. Anwendung. Es ist von besonderer Bedeutung, daß die Zwangsvollstreckung aus dem Schiedsspruch auf Grund des Vollstreckungsbeschlusses des ordentlichen Gerichts stattfindet, nicht mehr wie früher auf Grund eines Vollstreckungsurteils.

§ 47.

Der Anspruch auf Schadensersatz und die Strafverfolgung wegen widerrechtlicher Vervielfältigung verjähren in drei Jahren.

Die Verjährung beginnt mit dem Tage, an welchem die Vervielfältigung vollendet ist. Ist die Vervielfälti-

gung zum Zwecke der Verbreitung bewirkt, so beginnt die Verjährung erst mit dem Tage, an welchem eine Verbreitung stattgefunden hat.

Die dem § 50 des literarischen Urheberrechts entsprechende dreijährige Verjährungsfrist bezieht sich lediglich auf den Anspruch auf Schadensersatz sowie auf die strafrechtliche Verfolgung wegen widerrechtlicher Vervielfältigung. Die Verjährung des Vernichtungsanspruchs wird durch § 50 geregelt und die Verjährung des Anspruchs wegen ungerechtfertigter Bereicherung durch § 852 BGB.

Bezüglich der Hemmung und Unterbrechung der Verjährung des Schadensersatzanspruchs ist auf §§ 202, 205, 208 und 209 BGB. zu verweisen, bezüglich der Unterbrechung der Verjährung der Strafverfolgung auf § 68 StGB.

Die Vervielfältigung ist vollendet, wenn die Nachbildung in Hinsicht der formalen Gestaltung dem Original entspricht, mit anderen Worten, wenn sie dasselbe, abgesehen von seinem inneren Werte, ersetzen kann. Solange nur ein Torso vorhanden ist, läßt sich von einer Vollendung der Vervielfältigung nicht sprechen, sofern es sich nicht um die Darstellung eines Torsos selbst handelt. Da die Vervielfältigung regelmäßig zum Zwecke der Verbreitung vorgenommen wird, so läßt das Gesetz die Verjährung erst mit dem Tage beginnen, an welchem eine Verbreitung stattgefunden hat, d. h. an welchem das vervielfältigte Produkt irgendeiner Person zugänglich gemacht wird, welche bei seiner Herstellung nicht mitgewirkt hat.

Bei der Berechnung der dreijährigen Verjährungsfrist wird der Tag, an welchem die Verbreitung zuerst stattgefunden hat, mitgerechnet; die Verjährungsfrist ist vollendet mit dem Beginn des Kalendertags, welcher dem Anfangstag entspricht (§ 208 Abs. 2 BGB.).

Die Verjährung läuft unabhängig von der Kenntnis des Verletzten.

§ 48.

Der Anspruch auf Schadensersatz und die Strafverfolgung wegen widerrechtlicher Verbreitung oder Vorführung eines Werkes sowie die Strafverfolgung wegen widerrechtlicher Verbreitung oder Schaustellung eines Bildnisses verjähren in drei Jahren.

Die Verjährung beginnt mit dem Tage, an welchem die widerrechtliche Handlung zuletzt stattgefunden hat.

Bei der Beratung in der Reichstagskommission wurde die Frage aufgeworfen, welcher Tag als der Tag anzusehen sei, an dem die widerrechtliche Handlung zuletzt stattgefunden habe, der Tag der Ausgabe eines reproduzierten Werkes oder der Tag des Verkaufs in irgendeinem Laden. Es wurde darauf erwidert, der Anspruch richte sich nur gegen eine bestimmte Person. Als Verbreiter komme nur der Täter selbst in Betracht; wenn also beispielsweise der Verleger einer illustrierten Zeitschrift in dieser die widerrechtliche Verbreitung eines Bildes vorgenommen habe, so müsse geprüft werden, wann zum letzten Male eine Verbreitungshandlung bezüglich des betreffenden Bildnisses von dem Verleger vorgenommen worden sei. Soweit der Buchhändler für die widerrechtliche Verbreitung verantwortlich gemacht werden könne, müsse allerdings der Tag des Verkaufes in seinem Laden maßgeblich sein. Daß, wenn die mehreren vorgenommenen widerrechtlichen Handlungen, durch welche das Urheberrecht verletzt wird, sich als eine Einheitshandlung darstellen, die Verjährung erst mit dem letzten widerrechtlichen Akt beginnt, ergibt sich aus dem Begriff der Einheitshandlung.

§ 49.

Die Verjährung der nach § 40 strafbaren Handlung beginnt mit dem Tage, an welchem die erste Verbreitung stattgefunden hat.

Vollendet ist die Verjährung der Nichtangabe der Quelle mit dem Ablauf des letzten Tages des dritten Monats nach dem Tage, an welchem die erste Verbreitung stattgefunden hat; dieser Tag wird in die Verjährungsfrist mit eingerechnet. Auch nach der Verjährung der Strafverfolgung kann wegen Unterlassung der Quellenangabe Schadensersatzklage auf Grund des § 823 Abs. 2 BGB. erhoben werden. Es ist irrig, zu meinen, daß die Schadensersatzklage aus dieser Veranlassung nur in Ausnahmefällen als aussichtsvoll zu bezeichnen wäre; das Gegenteil ist der Fall. Die Verhältnisse auf dem Gebiete des Kunstverkehrs sind insoweit nicht die gleichen wie für den literarischen Verkehr maßgeblichen.

Die Schadensersatzklage verjährt nach § 852 BGB. in drei Jahren bezw. in 30 Jahren.

§ 50.

Der Antrag auf Vernichtung der Exemplare und der Vorrichtungen ist so lange zulässig, als solche Exemplare oder Vorrichtungen vorhanden sind.

Der Vernichtungsanspruch besteht so lange, als Exemplare, Vorrichtungen usw. in dem Eigentum der an der Herstellung, Verbreitung usw. Beteiligten vorhanden sind; das Erlöschen des Schutzes an dem Werke selbst beeinflußt nicht das Recht des Verletzten, die Vernichtung der widerrechtlich hergestellten Exemplare verlangen zu können, wogegen andererseits ein Anspruch auf Vernichtung der Vorrichtungen nach Erlöschen des Schutzes des Werkes selbst nicht mehr zulässig ist (RGSt. 27, 22).

Fünfter Abschnitt.

Schlußbestimmungen.

§ 51.

Den Schutz des Urhebers genießen die Reichsangehörigen für alle ihre Werke, gleichviel ob diese erschienen sind oder nicht.

Wer nicht Reichsangehöriger ist, genießt den Schutz für jedes seiner Werke, das im Inland erscheint, sofern er nicht das Werk an einem früheren Tage im Auslande hat erscheinen lassen.

I. Das persönliche Anwendungsgebiet des Gesetzes.
II. Schutz der Reichsangehörigen.
  1. Begriff der Reichsangehörigen.
  2. Wohnsitz der Reichsangehörigen.
  3. Juristische Personen.
III. Schutz der Nichtreichsangehörigen.

I. Das persönliche Anwendungsgebiet des Gesetzes.

Wie das Urheberrecht an Werken der Literatur und Tonkunst bezieht sich auch das Kunstschutzgesetz sowohl auf Reichsangehörige, d. h. Inländer, als auch auf Ausländer. Der grundsätzliche Ausgangspunkt des Gesetzes, wonach in erster Linie den Schutz der Urheberrechte nur die Inländer genießen, ist durch die Berner Konvention sowie durch die Staatsverträge mit anderen Staaten wegen gegenseitigen Schutzes der Urheberrechte für die Praxis im wesentlichen aufgegeben worden.

II. Schutz der Reichsangehörigen.

1. Begriff der Reichsangehörigen.

Reichsangehörige sind diejenigen Personen, welche nach dem Gesetz vom 22. Juli 1913 (RGBl. 583) die Staatsangehörigkeit in einem Lande oder die unmittelbare Reichsangehörigkeit besitzen. Die unmittelbare Reichsangehörigkeit, welche auf Grund der §§ 33 und 34 des genannten Gesetzes verliehen werden kann, hat infolge des Verlustes der Schutzgebiete an Bedeutung wesentlich verloren, so daß nur noch die Fälle in Betracht kommen, welche sich aus § 33 Abs. 2 und § 34 des genannten Gesetzes ergeben.

Die Gesetzgebung über Staatsangehörigkeit ist nach Art. 6 der Reichsverfassung ausschließlich Sache des Reichs.

Die Reichsangehörigen genießen den Schutz für alle ihre Werke ohne Rücksicht darauf, ob sie im Inland oder im Ausland ihren Wohnsitz haben, und ohne daß es darauf ankommt, ob ihre Werke im Inland oder im Ausland erschienen sind.

Da das Gesetz in § 51 nur von dem Schutz des Urhebers spricht, so findet diese Bestimmung keine Anwendung, soweit es sich um den Schutz des Persönlichkeitsrechts handelt. Der Schutz gegen öffentliche Schaustellung des Bildnisses einer Person ist also nicht davon abhängig, daß die betreffende Persönlichkeit die Reichsangehörigkeit besitzt, vielmehr steht derselbe jeder Persönlichkeit zu, dem Ausländer ebensowohl wie dem Inländer und dem ersteren wiederum ohne Rücksicht darauf, ob er im Inland oder im Ausland einen Wohnsitz hat.

Die Versagung des Schutzes des Ausländers gegen die Schaustellung seines Bildnisses könnte nur auf Grund einer in Gemäßheit des Art. 31 EG. z. BGB. erlassenen Verordnung erfolgen.

2. Wohnsitz der Reichsangehörigen.

Der Schutz der Reichsangehörigen ist nicht durch den Wohnsitz im Inland bedingt.

3. Juristische Personen.

Soweit juristische Personen als Urheber geschützt werden, stehen sie den Reichsangehörigen unter der Voraussetzung gleich, daß sie ihren Sitz im Inland haben und die Rechte der juristischen Persönlichkeit besitzen.

III. Der Schutz der Nichtreichsangehörigen.

Personen, welche nicht Reichsangehörige sind, also einmal ausländische Staatsangehörige und sodann Staatenlose, genießen nach § 51 den Schutz lediglich bezüglich derjenigen Werke, welche im Inland erscheinen und nicht vorher bereits im Ausland erschienen sind. Die Anwendung dieser Bestimmung hat durch die Berner Konvention für alle diejenigen Urheber, welche sich auf die Bestimmung derselben berufen können, keine Bedeutung. Die Vorschriften der Berner Konvention in der geltenden Fassung sind im Anhang mitgeteilt, so daß hier von einer weiteren Erörterung abgesehen werden kann.

Entsprechendes gilt auf Grund derjenigen Staatsverträge, welche noch neben der Konvention in Kraft sind, für die Ausländer, die sich auf solche Sonderverträge berufen können.

§ 52.

In bürgerlichen Rechtsstreitigkeiten, in welchen durch Klage oder Widerklage ein Anspruch auf Grund der Vorschriften dieses Gesetzes geltend gemacht ist, wird die Verhandlung und Entscheidung letzter Instanz im Sinne des § 8 des Einführungsgesetzes zum Gerichtsverfassungsgesetze dem Reichsgerichte zugewiesen.

Nach § 546 ZPO. in der Fassung vom 13. Mai 1924 (RGBl. I 437) ist die Zulässigkeit der Revision durch einen Wert des Beschwerdegegenstandes bedingt, der den vom Reichsminister der Justiz nach Anhörung eines Ausschusses des Reichstages mit Zustimmung des Reichsrats festgesetzten Betrag übersteigt.

Zurzeit beträgt die Revisionssumme 1 800 Reichsmark.

Streitigkeiten über die Schaustellung eines Bildnisses gehören nicht zu den Streitigkeiten über vermögensrechtliche Ansprüche, unter welchen Begriff lediglich diejenigen Ansprüche fallen, durch die eine vermögenswerte Leistung ohne Rücksicht auf Ursprung und Zweck begehrt wird (RGZ. 88 S. 333), also insbesondere auch dann, wenn die Leistung nicht aus einem vermögensrechtlichen Verhältnis abgeleitet wird; der Schutz der Persönlichkeit gegen unberechtigte Schaustellung des Bildnisses ist aber kein Anspruch, welcher einen Vermögenswert besitzt.

§ 53.

Die ausschließlichen Befugnisse des Urhebers eines Werkes, das zur Zeit des Inkrafttretens dieses Gesetzes geschützt ist, bestimmen sich nach dessen Vorschriften. Auf ein Werk der Photographie, das bei dem Inkrafttreten des Gesetzes noch nicht erschienen war, finden dessen Vorschriften auch dann Anwendung, wenn die bisherige Schutzfrist abgelaufen ist.

Wer in seinem Geschäftsbetriebe vor dem Inkrafttreten des Gesetzes erlaubterweise ein Werk zur Bezeichnung, Ausstattung oder Ankündigung von Waren benutzt hat, darf das Werk auch ferner zu diesem Zwecke benutzen.

Ist ein erschienenes Werk bereits vor dem Inkrafttreten des Gesetzes gewerbsmäßig mittels mechanischer oder optischer Einrichtungen vorgeführt worden, so genießt es den Schutz gegen unerlaubte Vorführung nicht.

I. Rückwirkung.
1. Bei schon geschützten Werken.
2. Bei nichtgeschützten Werken.
3. Bei Werken der Photographie.

II. Befugnis zur Warenbezeichnung.

III. Befugnis zur Änderung.
IV. Bereits vorgeführte Werke.
V. Rückwirkung und vorherige Übertragung des Urheberrechts.

I. Rückwirkung.

Im Einklang mit den Übergangsbestimmungen des Gesetzes vom 29. Juni 1901 §§ 60 bis 63 ist auch in dem Kunstschutzgesetz die Rückwirkung anerkannt worden. Die Bestimmungen über Rückwirkung haben in den ersten Jahren der Geltung des Gesetzes eine erhebliche praktische Bedeutung gehabt, heute ist dieselbe wesentlich zurückgetreten; für Werke der Photographie spielen sie nur noch eine sehr geringe Rolle. Die Rückwirkung bezieht sich sowohl auf Werke, welche am 1. Juli 1907 noch geschützt waren, als auch auf solche Werke, welche am 1. Juli 1907 nicht mehr geschützt waren.

1. Bei schon geschützten Werken.

Werke, die am 1. Juli 1907 noch geschützt waren, sind von diesem Tage ab ausschließlich nach den Vorschriften des neuen Gesetzes geschützt, insbesondere regelt sich der Inhalt des Schutzes des Urheberrechts nach den neuen Vorschriften. Deshalb mußte die Schaustellung eines Bildnisses, welche nach dem früheren Recht statthaft war, nach dem gegenwärtigen Gesetz aber nicht, mit dem Inkrafttreten des Gesetzes aufhören. Wohlerworbene Rechte wurden dagegen durch die rückwirkende Kraft nicht berührt, wie dies das Reichsgericht in der Entscheidung vom 2. Mai 1914 (M. u. W. 14 S. 50/51) aus Anlaß der Reproduktion von Böcklins „Toteninsel“ und „Frühlingstag“ ausgesprochen hat.

2. Bei nicht geschützten Werken.

Die Frage, ob die rückwirkende Kraft des Gesetzes die Bedeutung habe, auch die vor dem 1. Juli 1907 nicht geschützten Werke zu schützen, ist bestritten gewesen (vgl. OLG. Naumburg in M. u. W. 14,

509; ROLG. 30, 30 und dagegen OLG. Dresden in der Zeitschrift für Industrierecht 15, 231). Die Auffassung, welche den Schutz lediglich den am 1. Juli 1907 geschützten Werken zusprach, konnte nicht für richtig erachtet werden. Das Gesetz bietet keinen Anlaß zu dieser einschränkenden Auslegung, und es kann daher gar nicht darauf ankommen, ob es sich um ein Werk handelt, das vor dem 1. Juli 1907 überhaupt nicht geschützt war oder dessen Schutz vor dem genannten Tage abgelaufen war. Zugunsten der Auffassung des Oberlandesgerichts Naumburg haben sich ausgesprochen Oberlandesgericht Jena, Deutsche Juristenzeitung 1912 S. 1536, München, Recht 1911 Nr. 3764, KG. in ROLG. 25, 367.

3. Bei Werken der Photographie.

Die Rückwirkung bezüglich der Werke der Photographie, welche am 1. Juli 1907 zwar vorhanden, aber noch nicht erschienen waren, hatte die Bedeutung, daß dieselben vor allem den zehnjährigen Schutz des Gesetzes genossen, insbesondere auch dann, wenn am 1. Juli 1907 die fünfjährige Schutzfrist des früheren Rechts bereits abgelaufen war.

II. Befugnis zur Warenbezeichnung.

Abs. 2 enthält die Ausnahme, daß derjenige, welcher in Anwendung der Bestimmung des früheren Rechts ein Werk erlaubterweise zur Bezeichnung, Ausstattung oder Ankündigung von Waren benutzt hatte, die fernere Benutzung in dieser Weise vornehmen konnte. Diese Bestimmung hat auch heute noch einige Bedeutung. Ob das Unternehmen, in welchem die Benutzung erfolgte, sei es mit der unveränderten bisherigen Firma, sei es mit Änderung derselben, auf einen anderen übergegangen ist, bildet für die Fortbenutzung keinen Unterschied. Die weitere Benutzung ist davon abhängig gewesen, daß sie vor dem 1. Juli 1907 bereits tatsächlich in der angegebenen Weise erfolgt war; es genügte also nicht, daß der Betreffende lediglich vor dem genannten Tage Vorkehrungen zu der Benutzung getroffen hatte. Die Benutzung in der von dem Gesetze verlangten Weise ist auch dann vorhanden gewesen, wenn ein Werk in Katalogen, Preisverzeichnissen, auf der Verpackung benutzt wurde. Nicht erlaubt war die weitere Benutzung für die Ausstattung des Geschäftslokals oder als Warenschild.

III. Befugnis zur Änderung.

Ob auf ein vor dem 1. Juli 1907 erworbenes Werk, das jedoch noch nicht benutzt war, die Bestimmung des § 12 über die Unzulässigkeit der Vornahme von Änderungen Anwendung fand, beurteilte sich nach den Grundsätzen von Treu und Glauben. Wie die Motive ausführen, würde es den Grundsätzen von Treu und Glauben widersprechen, wenn ein Urheber, der sein Urheberrecht vor dem Inkrafttreten des Gesetzes an eine graphische oder sonstige Kunstanstalt übertragen hat, seine Einwilligung zu Änderungen, deren Vornahme er nach den zu der Zeit der Übertragung des Urheberrechts im Kunstgewerbe geltenden Gebräuchen nicht versagen konnte, nach dem 1. Juli 1907 versagen oder von einer weiteren Geldzahlung oder sonstigen vermögensrechtlichen Leistung abhängig machen wollte; der Urheber mußte sich also gefallen lassen, daß die Änderungen, gegen welche er früher keinen Widerspruch erheben konnte, auch nach dem 1. Juli 1907 ohne weiteres vorgenommen werden konnten. Auch diese Frage hat heute eine nennenswerte Bedeutung nicht mehr.

IV. Bereits vorgeführte Werke.

Durch Abs. 3 wird der Grundsatz der rückwirkenden Kraft durchbrochen bezüglich derjenigen Werke, welche bereits vor dem 1. Juli 1907 gewerbsmäßig mittels mechanischer oder optischer Einrichtungen vorgeführt worden waren. Die nach Inkrafttreten des Gesetzes streitig gewordene Frage, ob die fernere Benutzung solcher Werke sich lediglich auf die Vorführung mittels mechanischer oder optischer Einrichtungen oder auch auf andere Vorführungen beziehe, ist heute in der Hauptsache bedeutungslos geworden, sie war aber im Sinne der ersteren Alternative zu entscheiden.

V. Rückwirkung und vorherige Übertragung des Urheberrechts.

Eine gewisse Bedeutung hatte in den ersten Jahren die Frage, wem der verlängerte Schutz zugute komme bei Werken, bezüglich welcher das Urheberrecht vor dem 1. Juli 1907 rechtsgeschäftlich übertragen worden war. Heute hat dieselbe keine Bedeutung mehr, sie war aber regelmäßig zugunsten des Urhebers zu beantworten, soweit nicht aus dem Vertrag unzweideutig hervorging, daß die Parteien eine inhaltliche Vermehrung der Urheberrechte ebenso wie eine zeitliche Ausdehnung dem Verleger zukommen lassen wollten.

§ 54.

Soweit eine Vervielfältigung, die nach dem Inkrafttreten dieses Gesetzes unzulässig ist, bisher erlaubt war, dürfen die vorhandenen Vorrichtungen, wie Formen, Platten, Steine, noch bis zum Ablaufe von drei Jahren benutzt werden. Vorrichtungen, deren Herstellung begonnen war, dürfen fertiggestellt und bis zu demselben Zeitpunkte benutzt werden. Die Verbreitung der gemäß dieser Vorschriften hergestellten sowie der bereits vor dem Inkrafttreten des Gesetzes vollendeten Exemplare ist zulässig.

Die vorstehende Bestimmung, welche eine Übergangsbestimmung ist, hat heute keine praktische Bedeutung mehr, weshalb von der Erläuterung abgesehen werden kann.

§ 55.

Das Gesetz tritt mit dem 1. Juli 1907 in Kraft.

Mit demselben Tage treten außer Kraft die §§ 1 bis 16, 20, 21 des Gesetzes, betreffend das Urheberrecht an Werken der bildenden Künste, vom 9. Januar 1876

(RGBl. S. 4) sowie das Gesetz, betreffend den Schutz der Photographien gegen unbefugte Nachbildung, vom 10. Januar 1876 (RGBl. S. 8).

Die noch aufrechterhaltenen Bestimmungen des Gesetzes vom 9. Januar 1876 sind lediglich §§ 17, 18, 19. Die Aufrechterhaltung ist in den Motiven des Gesetzes von 1909 durch die Erwägung gerechtfertigt worden, es habe sich nicht übersehen lassen, ob nicht noch ältere landesgesetzlich begründete Rechte, namentlich solche aus erteilten Privilegien, erhalten seien. Eine praktische Bedeutung haben die aufrechterhaltenen Vorschriften des älteren Gesetzes heute nicht mehr. Die bezüglichen Bestimmungen lauten:

§ 17. Das gegenwärtige Gesetz tritt mit dem 1. Juli 1876 in Kraft. Alle früheren in den einzelnen Staaten des Deutschen Reichs geltenden Bestimmungen in Beziehung auf das Urheberrecht an Werken der bildenden Künste treten von demselben Tage ab außer Wirksamkeit.

§ 18. Das gegenwärtige Gesetz findet auch auf alle vor dem Inkrafttreten desselben erschienenen Werke der bildenden Künste Anwendung, selbst wenn dieselben nach den bisherigen Landesgesetzgebungen keinen Schutz gegen Nachbildung genossen haben.

Die bei dem Inkrafttreten dieses Gesetzes vorhandenen Exemplare, deren Herstellung nach der bisherigen Gesetzgebung gestattet war, sollen auch fernerhin verbreitet werden dürfen, selbst wenn ihre Herstellung nach dem gegenwärtigen Gesetze untersagt ist.

Ebenso sollen die bei dem Inkrafttreten dieses Gesetzes vorhandenen, bisher rechtmäßig angefertigten Vorrichtungen, wie Formen, Platten, Steine, Stereotypabgüsse usw., auch fernerhin zur Anfertigung von Exemplaren benutzt werden dürfen.

Auch dürfen die beim Inkrafttreten des Gesetzes bereits begonnenen, bisher gestatteten Vervielfältigungen noch vollendet werden.

Die Regierungen der Staaten des Deutschen Reichs werden ein Inventarium über die Vorrichtungen, deren fernere Benutzung hiernach gestattet ist, amtlich aufstellen und diese Vorrichtungen mit einem gleichförmigen Stempel bedrucken lassen.

Nach Ablauf der für die Legalisierung angegebenen Frist unterliegen alle mit dem Stempel nicht versehenen Vorrichtungen der bezeichneten Werke, auf Antrag des Verletzten, der Einziehung. Die nähere Instruktion über das bei der Aufstellung des Inventariums und bei der Stempelung zu beobachtende Verfahren wird vom Reichskanzleramt erlassen.

§ 19. Die Erteilung von Privilegien zum Schutze des Urheberrechts ist nicht mehr zulässig. Dem Inhaber eines vor dem Inkrafttreten des gegenwärtigen Gesetzes von den Regierungen einzelner deutscher Staaten erteilten Privilegiums steht es frei, ob er von diesem Privilegium Gebrauch machen oder den Schutz des gegenwärtigen Gesetzes anrufen will.

Der Privilegienschutz kann indes nur für den Umfang derjenigen Staaten geltend gemacht werden, von welchen derselbe erteilt worden ist.

Die Berufung auf den Privilegienschutz ist dadurch bedingt, daß das Privilegium entweder ganz oder dem wesentlichen Inhalte nach dem Werke vorgedruckt oder auf oder hinter dem Titelblatt desselben bemerkt ist. Wo dieses nach der Natur des Gegenstandes nicht stattfinden kann oder bisher nicht geschehen ist, muß das Privilegium, bei Vermeidung des Erlöschens, binnen drei Monaten nach dem Inkrafttreten dieses Gesetzes zur Eintragung in die Eintragsrolle angemeldet werden. Das Kuratorium der Eintragsrolle hat das Privilegium öffentlich bekanntzumachen.

Anhang.

Übereinkunft, betreffend die Bildung eines internationalen Verbandes zum Schutze von Werken der Literatur und Kunst vom 9. September 1886 in der Fassung vom 13. November 1908.

Vorbemerkung.

Während des Krieges ist die Frage vielfach erörtert worden, ob die Berner Konvention infolge des Kriegszustandes zwischen den an dem Kriege beteiligten Staaten außer Kraft getreten sei oder nicht.

Die ganz überwiegende Auffassung ging in Deutschland dahin, daß die mehrseitigen völkerrechtlichen Verträge, sogenannten Kollektivverträge, durch den Krieg nicht außer Kraft getreten seien; bezüglich des Pariser Unionvertrages zum Schutze des gewerblichen Eigentums ist dieser Standpunkt in RGZ. 85, 374, JW. 1915 S. 145 Nr. 10 vertreten worden, bezüglich des Berner Unionvertrages in dem Urteil des OLG. Hamburg vom 14. Juli 1917 in M. u. W. 17, 86; vgl. Isay, Die privaten Rechte und Interessen im Friedensvertrag, S. 24/25; Wassermann, Die Behandlung des unlauteren Wettbewerbs im Friedensvertrag S. 92/93.

In dem Friedensvertrag ist im Gegensatze hierzu angenommen worden, daß auch die mehrseitigen Verträge durch den Krieg im Verhältnis zu Deutschland aufgehoben worden sind. Daher zählt der Friedensvertrag diejenigen mehrseitigen Verträge auf, welche im Verhältnis zu Deutschland ganz oder teilweise wieder in Kraft treten. Diejenigen Verträge, welche nicht aufgezählt sind, sind nicht wieder in Kraft gesetzt worden.

Artikel 286 des Friedensvertrags bestimmt:

„Das internationale Pariser Übereinkommen vom 20. März 1883 zum Schutze des gewerblichen Eigentums, revidiert in Washington am 2. Juni 1911, und das internationale Berner Übereinkommen vom 9. Sept. 1886 zum Schutze von Werken der Literatur und Kunst, revidiert in Berlin am 13. Nov. 1908 und vervollständigt durch das Berner Zusatzprotokoll vom 20. März 1914, erlangen vom Inkrafttreten des gegenwärtigen Vertrages an erneute Geltung und Wirksamkeit, soweit sie nicht durch die darin vorgesehenen Ausnahmen und Einschränkungen betroffen und abgeändert werden."

Eine Einschränkung der Tragweite der Berner Konvention ist nicht erfolgt, so daß dieselbe im vollen Umfange zwischen denjenigen Staaten gilt, welche dieselbe unterzeichnet haben. Der Wortlaut der Konvention in der geltenden Fassung ist folgender:

Artikel 1.

Die vertragschließenden Länder bilden einen Verband zum Schutze des Urheberrechts an Werken der Literatur und Kunst.

Artikel 2.

Der Ausdruck „Werke der Literatur und Kunst" umfaßt alle Erzeugnisse aus dem Bereiche der Literatur, der Wissenschaft oder der Kunst ohne Rücksicht auf die Art oder die Form der Vervielfältigung wie: Bücher, Broschüren und andere Schriftwerke, dramatische oder dramatisch-musikalische Werke, choreographische und pantomimische Werke, sofern der Bühnenvorgang schriftlich oder auf andere Weise festgelegt ist; Werke der Tonkunst mit oder ohne Text; Werke der zeichnenden Kunst, der Malerei, der Baukunst, der Bildhauerei; Stiche und Lithographien; Illustrationen, geographische Karten; geographische, topographische, architektonische oder wissenschaftliche Pläne, Skizzen und Darstellungen plastischer Art.

Den gleichen Schutz wie die Originalwerke genießen, unbeschadet des Urheberrechts an dem Originalwerk, Übersetzungen, Adaptationen, musikalische Arrangements und andere Umarbeitungen eines Werkes der Literatur oder der Kunst sowie Sammlungen aus verschiedenen Werken.

Die vertragschließenden Länder sind verpflichtet, den obengenannten Werken Schutz zu gewähren.

Den Werken der angewandten Kunst wird Schutz gewährt, soweit die innere Gesetzgebung eines jeden Landes dies gestattet.

Artikel 3.

Diese Übereinkunft findet auch Anwendung auf Werke der Photographie und die durch ein der Photographie ähnliches Verfahren hergestellten Werke. Die vertragschließenden Länder sind verpflichtet, diesen Werken Schutz zu gewähren.

Artikel 4.

Die einem der Verbandsländer angehörigen Urheber genießen sowohl für die nicht veröffentlichten als für die in einem Verbandslande zum ersten Male veröffentlichten Werke in allen Verbandsländern mit Ausnahme des Ursprungslandes des Werkes diejenigen Rechte, welche die einschlägigen Gesetze den inländischen Urhebern gegenwärtig einräumen oder in Zukunft einräumen werden, sowie die in dieser Übereinkunft besonders festgesetzten Rechte.

Der Genuß und die Ausübung dieser Rechte sind an die Erfüllung irgendwelcher Förmlichkeiten nicht gebunden; dieser Genuß und diese Ausübung sind von dem Bestehen eines Schutzes in dem Ursprungslande des Werkes unabhängig. Soweit nicht diese Übereinkunft ein anderes bestimmt, richten sich demnach der Umfang des Schutzes sowie die dem Urheber zur Wahrung seiner Rechte zustehenden Rechtsbehelfe ausschließlich nach den Gesetzen des Landes, in welchem der Schutz beansprucht wird.

Als Ursprungsland des Werkes wird angesehen: für die nicht veröffentlichten Werke das Heimatland des Urhebers; für die veröffentlichten Werke dasjenige Land, in welchem die erste Veröffentlichung erfolgt ist, und für die gleichzeitig in mehreren Verbandsländern veröffentlichten Werke dasjenige von diesen Ländern, dessen Gesetzgebung die kürzeste Schutzdauer gewährt. Für die gleichzeitig in einem Nichtverbandsland und in einem Verbandslande veröffentlichten Werke wird letzteres Land ausschließlich als Ursprungsland angesehen.

Unter veröffentlichten Werken sind im Sinne dieser Übereinkunft die erschienenen Werke zu verstehen. Die Aufführung eines dramatischen oder dramatisch-musikalischen Werkes, die Aufführung eines Werkes der Tonkunst, die Ausstellung eines Werkes der bildenden Künste und die Errichtung eines Werkes der Baukunst stellen keine Veröffentlichung dar.

Artikel 5.

Die einem der Verbandsländer angehörigen Urheber, welche ihre Werke zum ersten Male in einem anderen Verbandslande veröffentlichen, genießen in diesem letzteren Lande die gleichen Rechte wie die inländischen Urheber.

Artikel 6.

Die keinem der Verbandsländer angehörigen Urheber, welche ihre Werke zum ersten Male in einem dieser Länder veröffentlichen, genießen in diesem Lande die gleichen Rechte wie die inländischen Urheber und in den anderen Verbandsländern diejenigen Rechte, welche diese Übereinkunft gewährt.

Artikel 7.

Die Dauer des durch diese Übereinkunft gewährten Schutzes umfaßt das Leben des Urhebers und 50 Jahre nach seinem Tode.

Doch richtet sich, für den Fall, daß diese Dauer nicht gleichmäßig von allen Verbandsländern angenommen sein sollte, die Dauer nach dem Gesetze desjenigen Landes, wo der Schutz beansprucht wird; sie kann aber die in dem Ursprungslande festgesetzte Dauer nicht überschreiten. Die Vertragsländer sind daher nur in dem Maße verpflichtet, die Vorschrift des vorhergehenden Absatzes zur Anwendung zu bringen, wie sich dies mit ihrer inneren Gesetzgebung in Einklang bringen läßt.

Für die Werke der Photographie und die durch ein der Photographie ähnliches Verfahren hergestellten Werke, für die nachgelassenen Werke, für die anonymen und pseudonymen Werke richtet sich die Schutzdauer nach dem Gesetze desjenigen Landes, wo der Schutz beansprucht wird, ohne daß diese Dauer die in dem Ursprungslande des Werkes festgesetzte Dauer überschreiten kann.

Artikel 8.

Die einem der Verbandsländer angehörigen Urheber nicht veröffentlichter Werke und die Urheber von Werken, welche zum ersten Male in einem dieser Länder veröffentlicht worden sind, genießen in den übrigen Verbandsländern während der ganzen Dauer ihres Rechts an dem Originale das ausschließliche Recht, ihre Werke zu übersetzen oder die Übersetzung zu gestatten.

Artikel 9.

Feuilletonromane, Novellen und alle anderen Werke aus dem Bereiche der Literatur, der Wissenschaft oder der Kunst, gleichviel, was ihr Gegenstand ist, welche in Zeitungen oder periodischen Zeitschriften eines Verbandslandes veröffentlicht sind, dürfen in den übrigen Ländern ohne Ermächtigung der Urheber nicht abgedruckt werden.

Mit Ausnahme der Feuilletonromane und der Novellen kann jeder Artikel aus einer Zeitung von einer anderen Zeitung abgedruckt werden, wenn die Wiedergabe nicht ausdrücklich untersagt worden ist. Es ist jedoch die Quelle anzugeben; die Rechtsfolgen der Nichterfüllung dieser Verpflichtung richten sich nach der Gesetzgebung des Landes, in welchem der Schutz beansprucht wird.

Der Schutz dieser Übereinkunft findet keine Anwendung auf Tagesneuigkeiten oder vermischte Nachrichten, welche sich als einfache Zeitungsmitteilungen darstellen.

Artikel 10.

Bezüglich der Befugnis, Auszüge oder Stücke aus Werken der Literatur oder der Kunst in Veröffentlichungen, welche für den Unterricht bestimmt oder wissenschaftlicher Natur sind, oder in Chrestomathien aufzunehmen, sollen die Gesetzgebungen der Verbandsländer und die zwischen ihnen bestehenden oder in Zukunft abzuschließenden besonderen Abkommen maßgebend sein.

Artikel 11.

Die Bestimmungen dieser Übereinkunft finden auf die öffentliche Aufführung dramatischer oder dramatisch-musikalischer sowie auf die öffentliche Aufführung von Werken der Tonkunst Anwendung, gleichviel, ob diese Werke veröffentlicht sind oder nicht.

Die Urheber von dramatischen oder dramatisch-musikalischen Werken werden während der Dauer ihres Rechtes an dem Originale gegen die öffentliche, von ihnen nicht gestattete Aufführung einer Übersetzung ihrer Werke geschützt.

Die Urheber genießen den Schutz dieses Artikels, ohne daß sie verpflichtet wären, bei der Veröffentlichung des Werkes dessen öffentliche Aufführung zu untersagen.

Artikel 12.

Zu der unerlaubten Wiedergabe, auf welche diese Übereinkunft Anwendung findet, gehört insbesondere auch die nicht genehmigte mittelbare Aneignung eines Werkes der Literatur oder Kunst, wie Adaptationen, musikalische Arrangements, Umgestaltung eines Romans, einer Novelle oder einer Dichtung in ein Theaterstück, sowie umgekehrt, und dergleichen, sofern die Aneignung lediglich die Wiedergabe dieses Werkes in derselben oder einer anderen Form, mit unwesentlichen Änderungen, Zusätzen oder Abkürzungen darstellt, ohne die Eigenschaft eines neuen Originalwerkes zu besitzen.

Artikel 13.

Den Urhebern von Werken der Tonkunst steht die ausschließliche Befugnis zu:

1. die Übertragung dieser Werke auf Instrumente, welche zu deren mechanischen Wiedergabe dienen,
2. die öffentliche Aufführung der nämlichen Werke mittels dieser Instrumente

zu gestatten.

Vorbehalte und Einschränkungen, die sich auf die Anwendung dieses Artikels beziehen, können durch die innere Gesetzgebung eines jeden Landes, soweit es dabei in Betracht kommt, festgesetzt werden; jedoch ist die Wirkung derartiger Vorbehalte und Einschränkungen ausschließlich auf das Gebiet desjenigen Landes begrenzt, welches sie bestimmt hat.

Die Bestimmung des ersten Absatzes hat keine rückwirkende Kraft und findet daher in einem Verbandslande keine Anwendung auf diejenigen Werke, welche in diesem Lande erlaubterweise vor dem Inkraftsetzen dieser Übereinkunft auf mechanische Instrumente übertragen worden sind.

Die auf Grund der Abs. 2, 3 dieses Artikels vorgenommenen Übertragungen, welche ohne Zustimmung der Beteiligten in ein Land eingeführt werden, wo sie verboten sind, können daselbst beschlagnahmt werden.

Artikel 14.

Die Urheber von Werken aus dem Bereiche der Literatur, der Wissenschaft oder der Kunst haben das ausschließliche Recht, die Wiedergabe und die öffentliche Aufführung ihrer Werke durch die Kinematographie zu gestatten.

Den gleichen Schutz wie Werke der Literatur oder Kunst genießen selbständige kinematographische Erzeugnisse, sofern der Urheber durch die Anordnung des Bühnenvorganges oder die Verbindung der dargestellten Begebenheiten dem Werke die Eigenschaft eines persönlichen Originalwerkes gegeben hat.

Unbeschadet der Rechte des Urhebers am Originale wird die Wiedergabe eines Werkes aus dem Bereiche der Literatur, der Wissenschaft oder der Kunst mittels der Kinematographie wie ein Originalwerk geschützt.

Die vorstehenden Vorschriften finden auch Anwendung auf eine Wiedergabe oder ein Erzeugnis, welche durch ein der Kinematographie ähnliches Verfahren zustande kommen.

Artikel 15.

Damit die Urheber der durch diese Übereinkunft geschützten Werke bis zum Beweise des Gegenteils als solche angesehen und demgemäß vor den Gerichten der einzelnen Verbandsländer zur Verfolgung der Nachdrucker oder Nachbildner zugelassen werden, genügt es, wenn ihr Name in der üblichen Weise auf dem Werke angegeben ist.

Bei anonymen oder pseudonymen Werken ist der Verleger, dessen Name auf dem Werke angegeben ist, zur Wahrnehmung der dem Urheber zustehenden Rechte befugt. Er gilt ohne weiteren Beweis als Rechtsnachfolger des anonymen oder pseudonymen Urhebers.

Artikel 16.

Jedes nachgedruckte oder nachgebildete Werk kann durch die zuständigen Behörden derjenigen Verbandsländer, in welchen das Originalwerk auf gesetzlichen Schutz Anspruch hat, beschlagnahmt werden.

In diesen Ländern kann sich die Beschlagnahme auch auf Vervielfältigungen erstrecken, die aus einem Lande herrühren, wo das Werk keinen Schutz genießt oder aufgehört hat, einen Schutz zu genießen.

Die Beschlagnahme findet statt nach den Vorschriften der inneren Gesetzgebung eines jeden Landes.

Artikel 17.

Die Bestimmungen dieser Übereinkunft beeinträchtigen in keiner Beziehung das der Regierung eines jeden Verbandslandes zustehende Recht, durch Maßregeln der Gesetzgebung oder inneren Verwaltung die Verbreitung, die Darstellung oder das Feilbieten eines jeden Werkes oder Erzeugnisses zu gestatten, zu überwachen und zu untersagen, für welches die zuständige Behörde dieses Recht auszuüben hat.

Artikel 18.

Diese Übereinkunft findet Anwendung auf alle Werke, die beim Inkrafttreten der Übereinkunft noch nicht in ihrem Ursprungslande zufolge des Ablaufes der Schutzfrist Gemeingut geworden sind.

Ist jedoch ein Werk infolge des Ablaufs der ihm vorher zustehenden Schutzfrist in dem Verbandsland, in welchem der Schutz beansprucht wird, bereits Gemeingut geworden, so erlangt es dort auf Grund der Übereinkunft nicht von neuem Schutz.

Die Anwendung dieses Grundsatzes erfolgt nach den Abmachungen der zwischen Verbandsländern zu diesem Zwecke abgeschlossenen oder abzuschließenden Sonderabkommen. Mangels derartiger Abmachungen regeln die betreffenden Länder, ein jedes für sich, die Art und Weise dieser Anwendung.

Die vorstehenden Bestimmungen finden entsprechende Anwendung, wenn ein Land dem Verbande neu beitritt und wenn die Schutzdauer in Gemäßheit von Artikel 7 verlängert wird.

Artikel 19.

Die Bestimmungen dieser Übereinkunft hindern nicht, die Anwendung weitergehender Vorschriften zu beanspruchen, welche von der Gesetzgebung eines Verbandslandes zugunsten der Ausländer im allgemeinen erlassen werden sollten.

Artikel 20.

Die Regierungen der Verbandsländer behalten sich das Recht vor, miteinander besondere Abkommen zu treffen, soweit als diese Abkommen den Urhebern weitergehende Rechte, als ihnen durch den Verband gewährt werden, einräumen oder Bestimmungen enthalten, welche dieser Übereinkunft nicht zuwiderlaufen. Die Vereinbarungen in bestehenden Abkommen, die mit den eben genannten Bedingungen übereinstimmen, bleiben in Geltung.

Artikel 21.

Das unter dem Namen „Bureau des Internationalen Verbandes zum Schutze von Werken der Literatur und Kunst" errichtete Internationale Amt wird beibehalten.

Dieses Bureau ist unter den hohen Schutz der Regierung der Schweizerischen Eidgenossenschaft gestellt, welche die Organisation des Bureaus regelt und seinen Dienst beaufsichtigt.

Die Geschäftssprache des Internationalen Bureaus ist die französische.

Artikel 22.

Das Internationale Bureau sammelt Nachrichten aller Art, welche sich auf den Schutz des Urheberrechts an Werken der Literatur und Kunst beziehen; es ordnet dieselben und veröffentlicht sie. Es stellt Untersuchungen an, welche von gemeinsamem Nutzen und von Interesse für den Verband sind, und gibt auf Grund der Dokumente, welche ihm die verschiedenen Regierungen zur Verfügung stellen werden, eine periodische Zeitschrift in französischer Sprache über die den Gegenstand des Verbandes betreffenden Fragen heraus. Die Regierungen der Verbandsländer behalten sich vor, nach erfolgter allseitiger Zustimmung das Bureau zur Veröffentlichung einer Ausgabe in einer oder mehreren anderen Sprachen zu ermächtigen, für den Fall, daß sich hierfür ein Bedürfnis durch die Erfahrung herausstellen sollte.

Das Internationale Bureau hat sich jederzeit zur Verfügung der Verbandsmitglieder bereit zu halten, um denselben über Fragen, betreffend den Schutz von Werken der Literatur und Kunst, die besonderen Auskünfte zu erteilen, deren sie etwa bedürfen.

Der Direktor des Bureaus erstattet über seine Geschäftsführung einen Jahresbericht, welcher allen Verbandsmitgliedern mitgeteilt wird.

Artikel 23.

Die Kosten des Bureaus des Internationalen Verbandes werden gemeinschaftlich von den vertragschließenden Ländern getragen. Bis zu neuer Beschlußfassung dürfen sie die Summe von sechzigtausend Franken jährlich nicht übersteigen. Diese Summe kann nötigenfalls erhöht werden durch einfachen Beschluß einer der im Artikel 24 vorgesehenen Konferenzen.

Behufs Festsetzung des Beitrags eines jeden Landes zu dieser Gesamtkostensumme werden die vertragschließenden und die etwa später dem Verbande beitretenden Länder in sechs Klassen geteilt, von denen eine jede in dem Verhältnis einer gewissen Anzahl von Einheiten beiträgt, nämlich:

die 1. Klasse	....	25	Einheiten,
„ 2. „	....	20	„ ,
„ 3. „	....	15	„ ,
„ 4. „	....	10	„ ,
„ 5. „	....	5	„ ,
„ 6. „	....	3	„ .

Diese Koeffizienten werden mit der Zahl der Länder einer jeden Klasse multipliziert, und die Summe der so gewonnenen Ziffern gibt die Zahl der Einheiten, durch welche der Gesamtkostenbetrag zu dividieren ist. Der Quotient ergibt den Betrag der Kosteneinheit.

Jedes Land erklärt bei seinem Beitritt, in welche der obengenannten Klassen es einzutreten wünscht.

Die Schweizerische Regierung stellt das Budget des Bureaus auf, überwacht dessen Ausgaben, leistet die nötigen Vorschüsse und stellt die Jahresrechnung auf, welche allen übrigen Regierungen mitgeteilt wird.

Artikel 24.

Diese Übereinkunft kann Revisionen unterzogen werden behufs Einführung von Verbesserungen, welche geeignet sind, das System des Verbandes zu vervollkommnen.

Derartige, sowie solche Fragen, welche in anderen Beziehungen die Entwicklung des Verbandes berühren, sollen auf Konferenzen erörtert werden, welche der Reihe nach in den einzelnen Verbandsländern durch Delegierte derselben abzuhalten sind. Die Regierung des Landes, in welchem eine Konferenz tagen soll, bereitet unter Mitwirkung des Internationalen Bureaus die Arbeiten dieser Konferenz vor. Die Direktor des Bureaus wohnt den Konferenzsitzungen bei und nimmt an den Verhandlungen ohne beschließende Stimme teil.

Eine jede Änderung dieser Übereinkunft bedarf zu ihrer Gültigkeit für den Verband der einhelligen Zustimmung der Verbandsländer.

Artikel 25.

Denjenigen Ländern, welche dem Verbande nicht angehören, und welche den gesetzlichen Schutz der den Gegenstand dieser Übereinkunft bildenden Rechte gewährleisten, soll auf ihren Wunsch der Beitritt gestattet sein.

Dieser Beitritt soll schriftlich der Regierung der Schweizerischen Eidgenossenschaft und von dieser allen übrigen Regierungen bekanntgegeben werden.

Derselbe bewirkt von Rechts wegen die Unterwerfung unter alle verpflichtenden Bestimmungen und die Teilnahme an allen Vorteilen dieser Übereinkunft. Er kann jedoch die Bezeichnung derjenigen Bestimmungen der Übereinkunft vom 9. September 1886 oder der Zusatzakte vom 4. Mai 1896 enthalten, die diese Länder vorläufig wenigstens an die Stelle der entsprechenden Bestimmungen dieser Übereinkunft zu setzen für nötig halten.

Artikel 26.

Die Verbandsländer haben jederzeit das Recht, dieser Übereinkunft für ihre Kolonien oder auswärtigen Besitzungen beizutreten.

Zu diesem Behufe können sie entweder eine allgemeine Erklärung abgeben, nach welcher alle ihre Kolonien oder Besitzungen in den Beitritt einbegriffen sind, oder diejenigen besonders benennen, welche darin einbegriffen, oder sich darauf beschränken, diejenigen zu bezeichnen, welche davon ausgeschlossen sein sollen.

Diese Erklärung soll schriftlich der Regierung der Schweizerischen Eidgenossenschaft und von dieser allen übrigen Regierungen bekanntgegeben werden.

Artikel 27.

Diese Übereinkunft tritt in den Beziehungen zwischen den Verbandsstaaten an Stelle der Übereinkunft von Bern vom 9. September 1886 einschließlich des Zusatzartikels und des Schlußprotokolls vom gleichen Tage sowie der Zusatzakte und der erläuternden Deklaration vom 4. Mai 1896. Die vorgenannten Vertragsakte sollen in den Beziehungen zwischen denjenigen Staaten, die diese Übereinkunft nicht ratifizieren sollten, in Wirksamkeit bleiben.

Diejenigen Staaten, welche diese Übereinkunft unterzeichnet haben, können beim Austausch der Ratifikationsurkunden erklären, daß sie hinsichtlich des einen oder des anderen Punktes durch die Bestimmungen der Übereinkommen, die sie früher unterzeichnet hatten, gebunden zu bleiben wünschen.

Artikel 28.

Diese Übereinkunft soll ratifiziert und die Ratifikationsurkunden sollen in Berlin spätestens am 1. Juli 1910 ausgetauscht werden.

Jeder vertragschließende Teil wird für den Austausch der Ratifikationsurkunden ein einziges Instrument übergeben, das zusammen mit denjenigen der übrigen Staaten in den Archiven der Regierung der Schweizerischen Eidgenossenschaft niedergelegt werden soll. Jeder Teil erhält dafür ein Exemplar des Protokolls über den Austausch der Ratifikationsurkunden, das von den Bevollmächtigten, die am Austausche teilnehmen, unterzeichnet ist.

Artikel 29.

Diese Übereinkunft wird drei Monate nach dem Austausche der Ratifikationsurkunden in Kraft gesetzt werden, sowie für unbestimmte Zeit und im Falle einer Kündigung bis zum Ablauf eines Jahres von dem Tage der Kündigung ab in Wirksamkeit bleiben.

Diese Kündigung soll an die Regierung der Schweizerischen Eidgenossenschaft gerichtet werden. Sie soll nur in Beziehung auf dasjenige Land Wirksamkeit haben, von dem sie ausgegangen ist, während die Übereinkunft für die übrigen Verbandsstaaten weiter in Kraft bleiben soll.

Artikel 30.

Die Staaten, welche in ihre Gesetzgebung die in Artikel 7 Abs. 1 dieser Übereinkunft vorgesehene

Schutzdauer von 50 Jahren einführen, werden davon der Regierung der Schweizerischen Eidgenossenschaft durch eine schriftliche Erklärung Kenntnis geben, die durch diese Regierung alsbald allen anderen Verbandsstaaten mitgeteilt werden wird.

Das gleiche gilt für die Staaten, welche auf die von ihnen in Gemäßheit der Artikel 25, 26 und 27 gemachten Vorbehalte verzichten.

Zusatzprotokoll

vom 20. März 1914 zur revidierten Berner Übereinkunft zum Schutze von Werken der Literatur und Kunst vom 13. November 1908. Bekanntmachung vom 2. Februar 1920 (RGBl. S. 137).

Die dem Internationalen Verbande zum Schutze von Werken der Literatur und Kunst angehörenden Länder haben, von dem Wunsche geleitet, die Möglichkeit einer Einschränkung der Tragweite der Übereinkunft vom 13. November 1908 gutzuheißen, in gemeinsamem Einverständnisse das nachstehende Protokoll vollzogen:

1. Falls ein außerhalb des Verbandes stehendes Land die Werke der einem Verbandslande angehörigen Urheber nicht in genügender Weise schützt, so beeinträchtigen die Bestimmungen der Übereinkunft vom 13. November 1908 in keiner Weise das dem Verbandsland zustehende Recht, den Schutz derjenigen Werke zu

beschränken, deren Urheber zur Zeit der ersten Veröffentlichung dieser Werke Angehörige oder Bürger des gedachten, außerhalb des Verbandes stehenden Landes sind und nicht tatsächlich in einem der Verbandsländer ihren Wohnsitz haben.

2. Das den Verbandsstaaten durch dieses Protokoll eingeräumte Recht steht in gleicher Weise jeder ihrer überseeischen Besitzungen zu.

3. Keine gemäß der obigen Nr. 1 festgesetzte Beschränkung soll die Rechte beeinträchtigen, die ein Urheber für ein vor der Inkraftsetzung dieser Beschränkung in einem Verbandsland veröffentlichtes Werk erworben hat.

4. Die Staaten, welche gemäß diesem Protokoll den Schutz der Urheberrechte beschränken, sollen dies der Regierung der Schweizerischen Eidgenossenschaft durch eine schriftliche Erklärung bekanntgeben, in der die Länder, denen gegenüber der Schutz beschränkt wird, sowie die Beschränkungen angegeben sind, denen die Rechte der diesen Ländern angehörigen Urheber unterworfen werden. Die Regierung der Schweizerischen Eidgenossenschaft wird hiervon alsbald allen anderen Verbandsstaaten Mitteilung machen.

5. Dieses Protokoll soll ratifiziert werden und die Ratifikationsurkunden sollen in Bern innerhalb einer Frist von höchstens zwölf Monaten, von seiner Unterzeichnung an gerechnet, niedergelegt werden. Es soll einen Monat nach dem Ablauf dieser Frist in Kraft treten und die gleiche Wirksamkeit und Dauer haben wie die Übereinkunft, auf die es sich bezieht.

Sachregister.

(Die Zahlen bedeuten die Seiten.)

L.

M.

N.

O.

P.

Druck von Otto Walter in Berlin S 14.

Band
37. **Unlauterer Wettbewerb.** Von A. Pinner. 7. Auflage von A. Elster. — 1921. *Rm* 1,40
38/39. **Bürgerliches Gesetzbuch nebst Einführungsgesetz.** Von A. Achilles. In Verbindung mit F. André, O. Meyer, O. Strecker, K. v. Unzner herausgegeben von M. Greiff. 12. Auflage. — 1926. *Rm* 24,—
40. Gesetz, betr. die **Pflichten der Kaufleute bei Aufbewahrung fremder Wertpapiere [Depotgesetz].** Von F. Lusensky. 3. Auflage. — 1916. Mit Nachtrag 1924. *Rm* 1,—
41. **Börsengesetz.** Von Th. Hemptenmacher. 3. Auflage von O. Meyer. — 1915. *Rm* 3,50
42. **Grundbuchordnung.** Von O. Fischer. 8. Auflage. — 1924. *Rm* 3,—
43. **Zwangsvollstreckung.** Von J. Krech und O. Fischer. 9. Auflage von O. Fischer. — 1922. *Rm* 3,50
44. **Auswanderungswesen.** Von F. Stoerk. — 1899. *Rm* 2,—
45. **Entmündigungsrecht.** Von P. Koll. — 1900. *Rm* 1,20
46. **Freiwillige Gerichtsbarkeit.** Von H. Jastrow. 6. Auflage von Herm. Günther. — 1921. *Rm* 4,50
47. **Deutsches Vormundschaftsrecht.** Von M. Schultzenstein und P. Köhne. 2. Auflage. — 1901. *Rm* 2,50
48. Gesetze, betr. den **Drogen-, Gift- und Farbenhandel** außerhalb der Apotheken. Von J. Broh. — 1899. *Rm* 1,20
49. **Deutsche Kolonialgesetzgebung.** Von Ph. Zorn. 2. Auflage von Sassen. — 1913. *Rm* 5,—
50. **Der Viehkauf [Viehgewährschaft].** Von H. Stölzle und H. Weiskopf. 6. Auflage. — 1926. *Rm* 15,—
51. **Hypothekenbankgesetz.** Von H. Göppert. 2. Auflage von Seidel. — 1911. Mit Nachtrag 1926. *Rm* 2,20
52. **Rechte der Besitzer von Schuldverschreibungen.** Von H. Göppert. 2. Auflage von E. Trendelenburg. — 1915. *Rm* 1,50
53. **Reichspreßgesetz.** Von A. Born. 3. Auflage. — 1924. *Rm* 4,—
54. Verkehr mit **Nahrungsmitteln, Genußmitteln und Gebrauchsgegenständen.** Von G. Lebbin. — 2. Auflage in 2 Bänden. II.: **Getränkegesetze und Getränkesteuergesetze** (Wein, Bier, Branntwein, Mineralwasser). Unter Mitwirkung von Dr. Kniebe. *Rm* 10,—
55. **Beschlagnahme von Lohn- und Gehaltsforderungen.** Von G. Meyer. 5. Auflage. — 1914. Durch Nachträge ergänzt 1925. Nachträge allein *Rm* 0,70. *Rm* 2,30
56. **Bekämpfung gemeingefährlicher Krankheiten.** Von B. Burkhardt. — 1900. *Rm* 1,20
57. **See-Unfallversicherungsgesetz** siehe Bd. 108 und 161 a.
58. **Recht der unehelichen Kinder.** Von H. Jastrow. — 1901. Mit Nachtrag 1925. *Rm* 1,60

Band
59. **Beurkundung des Personenstandes und die Eheschließung.** Von F. Fidler. 2. Auflage. — 1912. *Rm* 2,30
60. **Das Urheberrecht an Werken der Literatur und der Tonkunst.** Von O. Lindemann. 4. Auflage. — 1921. *Rm* 1,80
61. **Verlagsrecht.** Von B. Marwitz. 3. Auflage. — 1922. *Rm* 1,60
62. **Private Versicherungsunternehmungen.** Von H. Könige. 3. Auflage von Könige und Petersen. — 1927. *Rm* 20,—
63. **Gesetzestafel des deutschen Reichsrechts.** Von H. Bruhns. 2. Auflage. — 1913. *Rm* 3,—
64. Gesetzsammlung, betr. den **Handel mit Drogen und Giften.** Von H. Sonnenfeld. 3. Auflage. — 1926. *Rm* 12,—
65. **Weingesetz.** Von G. Lebbin. 2. Auflage. — 1909. *Rm* 2,— (Siehe auch Reichsgesetz Bd. 54 II.)
66. **Die Eisenbahngesetzgebung.** Von W. Pietsch. 2. Auflage. — 1913. (Siehe auch Bd. 91.) Vergriffen.
67. **Militärstrafgesetzbuch.** Von A. Romen und E. Rissom. 3. Auflage. — 1918. *Rm* 5,—
68. **Fleischbeschaugesetz.** Von G. Lebbin und G. Baum. — 1903. Vergriffen.
69. Reichsgesetz über die **Naturalleistungen der bewaffneten Macht im Frieden.** Von W. v. Hippel. — 1903. *Rm* 1,—
70. **Das Reichshaftpflichtgesetz.** Von G. Eger. — 1903. Vergriffen. (Als Ersatz Kommentar von Seligsohn. — 1920. *Rm* 8,—, geb. *Rm* 9,50)
71. **Kinderarbeit in gewerblichen Betrieben.** Von H. Spangenberg. 2. Auflage. — 1904. *Rm* 1,20
72. **Unfallversicherungsgesetz** siehe Bd. 108 und 161 a.
73. **Entschädigung für unschuldig erlittene Verhaftung und Bestrafung.** Von A. Romen. — 1904. *Rm* 1,70
74. **Die Kaufmannsgerichte.** Von M. Apt. 3. Auflage. — 1904. (Siehe auch Bd. 112 und 112 a.) Vergriffen.
75. **Konsulargerichtsbarkeit.** Von A. F. Vorwerk. 2. Ausgabe, mit den Schutzgebietsgesetzen. — 1908. *Rm* 1,60
76. **Die Rechtshilfe im Verkehr mit den ordentlichen Gerichten.** Von A. Friedländer. — 1906. *Rm* 1,50
77. **Das Erbschaftssteuergesetz.** Von B. Henckel. 1920. *Rm* 5,— Neue Fassung von H. Schachian. 4. Auflage. — 1926. *Rm* 2,50.
78. **Zigarettensteuergesetz.** Von Cuno. Vergriffen.
79. **Die Militärpensionsgesetze.** Von A. Romen.
   a) I. Teil: **Offizierpensionsgesetz.** — 1907. *Rm* 2,—
   b) II. Teil: **Mannschaftsversorgungsgesetz.** Mit **Kapitalabfindungsgesetz.** — 1908. *Rm* 2,—

Militärversorgungsgesetze siehe auch Bd. 152 und 152 a.

Band
80. **Gerichtliche Registerführung.** Von O. Lindemann. — 1906. *Rm* 2,40
81. **Urheberrecht an Werken der bildenden Künste und der Photographie.** Von L. Fuld. 2. Auflage. — 1926. *Rm* 6,—
82. **Reichsbeamtengesetz.** Von A. Arndt. 3. Auflage. — 1923. Mit Nachtrag, enthaltend die Änderungen bis 1924. *Rm* 3,50
83. **Versicherungsvertrag.** Von P. Hager und E. Bruck. 5. Auflage. — 1926. *Rm* 14,—
84. **Sammlung kleinerer privatrechtlicher Reichsgesetze.** Von G. Müller. — 1903. *Rm* 5,50
85. **Scheckgesetz.** Neue Auflage in Bearbeitung. (Siehe auch Reichsgesetze Bd. 5 und 162.) Kommentar von Michaelis. *Rm* 16,—, geb. *Rm* 18,—
86. **Die Auslieferungsverträge des Deutschen Reiches.** Von A. Cohn. — 1908. *Rm* 4,—
87 a. **Das deutsche Warenzeichenrecht.** Von Freund und Magnus. 6., neubearbeitete Auflage von Jüngel und Magnus. Teil I: **Die internationalen Verträge.** — 1924. *Rm* 9,—
88. **Vereinsgesetz.** Von A. Romen. 5. Auflage. In Bearbeitung.
89. **Vogelschutzgesetz.** Von L. v. Boxberger. — 1909. *Rm* 1,—
90. Die Haager Abkommen über das **Internationale Privatrecht.** Von G. Bogeng. — 1908. *Rm* 2,—
91. **Eisenbahn-Verkehrsordnung.** Von E. Blume. 3. Auflage von Weirauch. — 1926. *Rm* 12,—
92. **Verkehr mit Kraftfahrzeugen.** Von R. Kirchner. 3. Auflage. — 1915. Mit Nachtrag, enthaltend alle Neuerungen bis Ende 1925. Nachtrag einzeln *Rm* 1,50. *Rm* 5,—
93. **Sicherung der Bauforderungen.** Von E. Harnier. 3. Auflage. — 1912. *Rm* 1,50
94. **Die Beamtenhaftpflichtgesetze des Reiches und der Länder.** Von H. Delius. 3. Auflage. — 1921. *Rm* 3,20
95. Die Berner Übereinkunft über **Internationales Urheberrecht.** Von H. Dungs. — 1910. *Rm* 1,—
96. **Branntweinsteuergesetz — Branntweinmonopolgesetz** siehe Bd. 54 II.
97. **Schutzgebietsgesetz.** Von J. Gerstmeyer. — 1910. *Rm* 2,50
98. **Sechs Haager Abkommen über Internationales Privatrecht.** Von H. Dungs. — 1910. *Rm* 1,50
99. **Die Abkommen der Haager Friedenskonferenz.** Vergriffen. Jetzt: Wehberg, **Völkerbundakte.** *Rm* 4,—. (Außerhalb der Sammlung.)
100. **Kaligesetz.** Von B. Voelkel. — 1910. *Rm* 2,40
101. **Zuwachssteuergesetz.** Von W. Cuno. Vergriffen.

Band

102. **Urheberrecht an Mustern und Modellen** und Schutz von **Gebrauchsmustern.** Von J. Neuberg. — 1911. *Rm* 2,40
103. **Reichs-Viehseuchengesetz.** Von W. v. Hippel. 2. Auflage. — 1912. *Rm* 4,—
104. **Versicherungsgesetz für Angestellte** siehe Seite 12.
105. **Das Geldwesen in den deutschen Schutzgebieten.** Von W. Hintze. — 1912. *Rm* 1,80
106—109. **Reichsversicherungsordnung.** Von F. Caspar und A. Spielhagen. 1913—1921. 4 Bände. Komplett. *Rm* 18,—
Reichsversicherungsordnung in neuester Fassung von K. Lippmann siehe Bd. 161 und 161 a/b.
110. **Wehrbeitragsgesetz.** Von A. Fernow. 2. Auflage. — 1913. *Rm* 1,60
111. **Reichs- und Staatsangehörigkeitsgesetz.** Von A. Romen. 2. Auflage. In Bearbeitung.
112. **Kaufmannsgerichtsgesetz.** Von H. Depène. — 1914. *Rm* 2,60
112 a. **Kaufmanns- und Gewerbegerichtsgesetz nebst Schlichtungsordnung.** (Ergänzungsband zu Bd. 112.) Von H. Depène. — 1924. *Rm* 3,50
Die Bde. 112 und 112 a enthalten zusammen den vollständigen Text des Gewerbegerichtsgesetzes.
113. **Postscheckgesetz.** Von J. Weiland. — 1914. Mit Nachtrag 1918. *Rm* 1,50
113 a. **Postscheckordnung.** Von J. Weiland. — 1914. Mit Nachtrag 1918. *Rm* 1,50
114. **Waffengebrauch und Festnahmerecht des Militärs.** Von A. Romen und C. Rissom. — 1914. *Rm* 1,80
115. **Das vertragliche Wettbewerbsverbot [Konkurrenzklausel].** Von G. Baum. — 1914. *Rm* 3,—
116. **Kriegs-Zivil- und Finanzgesetze.** 3. Auflage. — 1915. *Rm* 1,50
116a. Desgl. Zweite Folge: Jahr 1915. — 1916. *Rm* 1,20
117. **Darlehnskassengesetz.** — 1915. *Rm* 1,80
118. **Militärhinterbliebenengesetz.** Von Reh. — 1915. (Siehe auch Bd. 152, 152 a und 160.) *Rm* 2,20
119. **Kriegsleistungsgesetz.** Vergriffen.
120. **Telegraphenwegegesetz.** Von Wolf. — 1916. *Rm* 1,—
121. **Direkte Kriegssteuer.** Von A. Mrozek. — 1916. *Rm* 3,50
122. **Belagerungszustand.** Von H. Pürschel. — 1916. *Rm* 3,50
123. **Warenumsatzstempel.** (**Umsatzsteuer** siehe Bd. 132.)
124. **Todeserklärung Kriegsverschollener.** Von J. Partsch. — 1917. *Rm* 2,—
125. **Vaterländischer Hilfsdienst.** 3. Auflage. — 1917. *Rm* 1,—

Band

152. **Wohlfahrtsgesetze.** Von Behrend und Stranz-Hurwitz. Teil I. — 1923. *Rm* 5,—

152 a. Desgl. Teil II. — 1925. *Rm* 9,—

Bd. 152 und 152 a zusammen bezogen *Rm* 12,—

153. **Zwangsanleihegesetz.** Von Simon und Beutner. — 1923. *Rm* 8,—

154. **Jugendwohlfahrtsgesetz und Jugendgerichtsgesetz.** Von Drewes und Sandré. — 1923. Mit Nachtrag, enthaltend die Ergänzungen bis April 1924. *Rm* 6,—

155. **Reichsknappschaftsgesetz.** Von Max Reuß und Fritz Hense. 2. Auflage. — 1926. *Rm* 12,—

156. **Mietrecht und Wohnungsmangelgesetz.** Von Krieg. 3. Auflage. — 1925. Mit Nachtrag 1927. *Rm* 7,—

Nachtrag apart *Rm* 0,60

157. **Dritte Steuernotverordnung vom 14. Februar 1924** mit den Vorschriften über **Aufwertung.** 2. Auflage unter dem Titel: **Aufwertungsgesetze.** Von Michaelis. — 1925. *Rm* 16,—

158. **Strafprozeßordnung.** Alte u. neue Fass. synoptisch gegenübergestellt. Von Feisenberger. — 1925. Mit Nachtrag 1927. *Rm* 4,50

159. **Industriebelastungsgesetz.** Von Höpker. *Rm* 4,—

160. **Fürsorgepflicht.** Von Sandré. — 1925. *Rm* 6,—

161. **Reichsversicherungsordnung.** Von Lippmann. *Rm* 11,—

161 a. Desgl. **Ergänzungsband,** enthaltend die neue Fassung des **Unfallversicherungsgesetzes** sowie die Änderungen der übrigen Bücher der RVO. Von Lippmann. *Rm* 4,—

161 b. Desgl. **Zweiter Ergänzungsband,** enthaltend die im ersten Halbjahr 1926 ergangenen Änderungen der RVO. — 1926. *Rm* 0,80

162. **Handelsrechtl. Nebengesetze.** Von Schreiber. — 1926. *Rm* 14,—

163. **Notariatsrecht.** Von Szkolny. — 1925. *Rm* 8,50

164. **Aufwertung von Versicherungsansprüchen.** Teil I: **Lebensversicherungen.** Von Berliner und Pfaffenberger. — 1926. *Rm* 6,50

164 a. Desgl. Teil II: **Sach-** (Feuer-, Glas-, Wasser- usw.) **und Transportversicherung, Unfall- und Haftpflichtversicherung.** — 1926. *Rm* 3,50

165. **Handbuch der Erwerbslosenfürsorge.** Von Schmeißer. 2. Auflage. — 1926. *Rm* 10,50

166. **Das deutsche Ausländerrecht.** Von Fraustädter und Kreutzberger. — 1926. Im Druck.

167. **Verordnung gegen Mißbrauch wirtschaftlicher Machtstellungen** (Kartellgesetz). Von Staffel. — 1927. *Rm* 3,—

168. **Arbeitsgerichtsgesetz.** Von Depène. — 1927. *Rm* 3,60

B. Preußische Gesetze.

Band

1. **Die Verfassung des Freistaats Preußen.** Von A. Arndt. — 1921. *Rm* 2,—
   Ausführlicher Kommentar von Stier-Somlo. — 1921. *Rm* 5,—
2. **Preußische Beamtengesetzgebung.** Von K. Pfafferoth. 5. Auflage. — 1916. *Rm* 2,40
3. **Notteſtamente.** Von E. Kurtz. — 1904. *Rm* 1,50
4. **Gebührenordnung für Notare.** Vom 28. Oktober 1922. Von Rausnitz. 6. Auflage. — 1925. *Rm* 7,—

5—9 vergriffen.

10. **Einkommensteuergesetz** siehe Reichsgesetze Bd. 151.
11. **Gewerbesteuergesetz.** Von A. Fernow. Vergriffen.
12. **Allgemeines Berggesetz.** Von Schlüter und Hense. 4. Auflage. In Vorbereitung.
13. **Ergänzungssteuergesetz.** Von A. Fernow. 5. Auflage. *Rm* 3,—
14. **Kommunalabgabengesetz.** Von F. Adickes. 6. Auflage von Falk. — 1922. *Rm* 3,50
15. **Die Kreisordnungen.** Von O. Kolisch. — 1894. Vergriffen.
16. **Konzessionierung gewerblicher Anlagen.** Von W. v. Rüdiger. 2. Auflage. — 1901. Vergriffen.
17. **Preußisches Gerichtskostengesetz.** Von P. Siméon. 8. Auflage. In Vorbereitung.
18. **Preußisches Stempelsteuergesetz.** Von P. Loeck und W. Seyffarth. 10. Auflage von Eiffler. In Bearbeitung.
19. **Jagdscheingesetz.** Von F. Kunze. 2. Auflage. — 1899. *Rm* 2,—
20. **Die preußischen Erbschaftssteuergesetze.** Von U. Hoffmann. — 1905. *Rm* 3,—
   (**Reichs**-Erbschaftssteuergesetz siehe S. 12.)
21. **Handelskammern.** Von F. Lusensky. 2. Auflage. — 1909. *Rm* 3,—
22. **Anstellung und Versorgung der Kommunalbeamten.** Von W. Ledermann. 2. Auflage von L. Brühl. — 1914. *Rm* 2,—
23. **Ausführungsgesetze zum Bürgerlichen Gesetzbuche.** Von P. Siméon. 3. Auflage. — 1914. *Rm* 2,20
24. **Die Hinterlegungsordnung [1879].** Von G. Bartels. 2. Auflage. — 1908. *Rm* 2,—
   Abänderungsgesetz vom 21. April 1913 siehe Bd. 53.

Band

25. **Preußische Kommunalbeamtengesetzgebung.** Von F. Kremski. — 1901. *Rm* 3,—
26. **Diensteinkommen der Lehrer und Lehrerinnen.** Von E. Cremer. — 1900. *Rm* 2,20
27. **Warenhaussteuer.** Von G. Strutz. — 1900. *Rm* 1,20
28. **Die Fürsorgeerziehung Minderjähriger.** Von P. F. Aschrott. 3. Auflage. — 1917. *Rm* 2,80
29. **Ärztliche Ehrengerichte, das Umlagerecht und die Kassen der Ärztekammern.** Von F. Fidler. — 1901. *Rm* 1,50
30. **Preußisches Staatsschuldbuch** und **Reichsschuldbuch.** Von J. Mücke. — 1902. *Rm* 2,—
31. **Die preußischen Gesindeordnungen.** Zwei Bände. Von St. Gerhard.
    31 a. Altpreußische Provinzen und Rheinland. 2. Auflage. — 1914. *Rm* 3,—
    31 b. Hannover, Schleswig-Holstein, Hessen-Nassau und Hohenzollern. — 1902. *Rm* 2,50
32. **Städteordnung.** Von W. Ledermann und L. Brühl. 2. Auflage. — 1913. *Rm* 6,—
33. **Rentenguts- und Anerbenrechtsgesetzgebung.** Von M. Peltasohn und B. Peltasohn. — 1903. Vergriffen.
34. Sammlung der wichtigsten **preußischen Strafgesetze.** Von Lindemann. 2. Auflage. — 1912. *Rm* 3,50
35. **Geschäftsordnung für Gerichtsvollzieher.** Von E. Exner. — 1904. *Rm* 3,—
36. **Polizeiverordnungen in Preußen.** Von O. Lindemann. 2. Auflage. — 1912. *Rm* 2,50
37. **Enteignung von Grundeigentum.** Von O. Meyer. 3. Auflage. — 1927. Im Druck.
38. **Kreis- und Provinzialabgabengesetz.** Von F. Schmidt. — 1906. *Rm* 1,20
39. **Unterhaltung der öffentlichen Volksschulen.** Von A. Marcks. — 1906. *Rm* 1,80
40. **Verwaltungsstrafverfahren.** Von R. Katzenstein. — 1907. *Rm* 3,50
41. **Die preußischen Jagdpolizeigesetze.** Von F. Kunze und R. Kühnemann. 2. Auflage. — 1907. Vergriffen.
42. **Allgemeine Landesverwaltung** und **Zuständigkeit der Verwaltungs- und Verwaltungsgerichtsbehörden.** Von K. Friedrichs. 2. Auflage. — 1921. *Rm* 3,—

Band

43. **Verschuldungsgrenze** für land- und forstwirtschaftlich benutzte Grundstücke. Von R. Leweck. — 1908. *Rm* 2,40
44. **Quellenschutzgesetz.** Von L. Voelkel. — 1909. *Rm* 1,—
45. **Rechtsverhältnisse der Juden in Preußen.** Von M. Kollenscher. — 1910. *Rm* 2,40
46. **Austritt aus der Landeskirche.** Von H. Caro. — 1911. *Rm* 2,40
47. **Feuerbestattung.** Von W. Lohmann. — 1912. *Rm* 1,50
48. **Zweckverbandsgesetz für Groß-Berlin.** Von L. Brühl, K. Gordan und W. Ledermann. — 1912. *Rm* 4,—
49. **Gesetze gegen die Verunstaltung landschaftlich hervorragender Gegenden.** Von O. Goldschmidt. — 1912. *Rm* 2,40
50. **Gesetz, betr. die Anlegung und Veränderung von Straßen und Plätzen in Städten und ländlichen Ortschaften.** Von O. Meyer. — 1913. *Rm* 3,—
51. **Das preußische Disziplinargesetz für die nichtrichterlichen Beamten.** Von E. v. Dultzig. — 1914. *Rm* 4,20
52. **Preußisches Wassergesetz.** Von G. Wulff und F. Herold. — 1913. *Rm* 4,50
53. **Hinterlegungsordnung** von 1913. Von Hagemann. — 1914. *Rm* 2,20
54. **Anlegung von Sparkassenbeständen in Inhaberpapieren.** Von H. Döhring. — 1914. *Rm* 2,80
55. **Preußisches Wohnungsgesetz.** Von B. Schmittmann. — 1918. *Rm* 2,60
56. **Das preußische Tumultschadengesetz.** Von Bruno Friedländer. — 1919. *Rm* 0,80
57. Gesetz über **Landeskulturbehörden.** Von W. Holzapfel. — 1919. *Rm* 2,—
58. **Arbeitsnachweis.** Von P. Wölbling. — 1920. *Rm* 1,—
59. **Bildung der neuen Stadtgemeinde Berlin.** Von P. Wölbling 2. Auflage. — 1920. *Rm* 1,40
60. **Umlegungsordnung.** Von W. Holzapfel. — 1921. *Rm* 1,80
61. **Preußische Verwaltungsgebührenordnung.** Von K. Eiffler. Mit Nachtrag. — 1925. *Rm* 6,—

C. Textausgaben

ohne Anmerkungen mit Sachregister.

Aufwertungsgesetze mit Einleitung. Von Michaelis. *Rm* 1,50

Bürgerliches Gesetzbuch. 14. Auflage. *Rm* 5,—

Erbschaftsteuergesetz. Neue Fassung von H. Schachian. 3. Auflage. *Rm* 2,50

Freiwillige Gerichtsbarkeit. — 1920. *Rm* 1,—

Handelsgesetzbuch mit **Seerecht.** 11. Auflage. — 1924. *Rm* 2,60

Konkursordnung. 2. Auflage. — 1915. Mit Nachtrag 1925. *Rm* 1,—

Reichsmietengesetz. — 1922. *Rm* 0,50

Reichssteuergesetze 1925 (Steuerüberleitungsgesetz mit Durchführungsbestimmungen — Einkommensteuer, Körperschaftsteuer, Reichsbewertungsgesetz, Vermögensteuer, Erbschaftsteuer). *Rm* 4,—

Strafgesetzbuch. — 1925. *Rm* 3,—

Strafprozeßordnung. 5. Auflage. — 1924. *Rm* 2,50

Verfassung des Freistaates Preußen. *Rm* 0,60

Versicherungsgesetz für Angestellte. — 1927. *Rm* 2,—

Wechselordnung. — 1908. *Rm* 0,50

Wehrbeitrag und **Besitzsteuer.** — 1913. *Rm* 1,50

Zivilprozeßordnung mit **Gerichtsverfassungsgesetz** und **Einführungsgesetzen.** — 1924. *Rm* 3,50

Zuwachssteuergesetz. — 1911. *Rm* 0,50

— **Ausführungsbestimmungen.** — 1911. *Rm* 0,40

Preuß. Ausführungsanweisung zur **Gewerbeordnung.** — 1904. *Rm* 1,—

---

de Gruytersche Sammlung Deutscher Gesetze.

Handkommentare.

Zivilprozeßordnung von Sydow-Busch-Krantz. 19. Auflage. — 1926. *Rm* 25,—

Strafprozeßordnung von Feisenberger. — 1926. Mit Nachtrag 1927. *Rm* 17,—

Aufwertungsrecht von Michaelis. — 1926. *Rm* 16,—

Schlagwort-Register.

R = Nummer der Sammlung Deutscher Reichsgesetze, P = Nummer der Sammlung Preußischer Gesetze, S. = Seite.

Otto Walter, Buchdruckerei, Berlin S 14